◎ 国家自然科学基金项目（72004060）成果
◎ 湖南省教育厅科学研究项目（21B0579）成果
◎ 湖南工商大学“数智 +”学科交叉研究项目（2023SZJ04）成果
◎ 湖南省学位与研究生教学改革研究项目（2022JGYB198）
◎ 湖南工商大学教学改革研究项目

环境规制、企业行为与环境效率

我国排污权制度建设的理论与实践

Environmental Regulation, Corporate Behavior and Environmental Efficiency:
The Theory and Practice of the Construction of Emission Trading Scheme in China

易国栋　施　芸　著

中国矿业大学出版社
China University of Mining and Technology Press
·徐州·

图书在版编目（CIP）数据

环境规制、企业行为与环境效率：我国排污权制度建设的理论与实践 / 易国栋，施芸著 . — 徐州：中国矿业大学出版社，2025.1

ISBN 978-7-5646-6154-0

Ⅰ . ①环… Ⅱ . ①易… ②施… Ⅲ . ①排污交易－研究－中国 Ⅳ . ① X196

中国国家版本馆 CIP 数据核字 (2024) 第 024855 号

书　　名　环境规制、企业行为与环境效率：
　　　　　我国排污权制度建设的理论与实践
　　　　　Huanjing Guizhi、Qiye Xingwei yu Huanjing Xiaolü:
　　　　　Woguo Paiwuquan Zhidu Jianshe de Lilun Yu Shijian
著　　者　易国栋　施　芸
责任编辑　夏　然
出版发行　中国矿业大学出版社有限责任公司
　　　　　（江苏省徐州市解放南路　邮编 221008）
营销热线（0516)83885370　83884103
出版服务（0516)83995789　83884920
网　　址　http://www.cumtp.com　**E-mail**：cumtpvip@cumtp.com
印　　刷　湖南省众鑫印务有限公司
开　　本　710 mm×1000 mm　1/16　印张 13.5　字数 206 千字
版次印次　2025 年 1 月第 1 版　2025 年 1 月第 1 次印刷
定　　价　78.00 元

易国栋　副教授，中南大学管理科学与工程博士，湖南省“荷尖”创新人才，长期从事大数据与运营管理、低碳与环境经济研究，2016年5月进入湖南工商大学大数据与互联网创新研究院从事科研与教学工作。主持国家自然科学基金青年项目1项，参与国家基础科学中心项目、国家自然科学基金重大项目、科技部重点研发计划等项目10余项，在《中国管理科学》《运筹与管理》、*JIMO*、*IJERPH* 等知名期刊发表学术论文10余篇。

施　芸　讲师，毕业于湖南师范大学，现任中共湖南省委党校（湖南行政学院）专职教师，湖南省中国特色社会主义理论体系研究中心省委党校基地特约研究员，主要从事生态文明与生态文化方面的研究，在《湖南日报》等期刊发表相关学术论文10余篇。

前　言

随着环境治理成为高质量发展的重要板块，环境规制政策的实施已被国内外学者多次论证可以从促进企业减排技术选择和改善资源配置等方面提升企业的全要素生产率。其中，排污权交易制度因其激励企业提升技术水平、降低减排成本、兼顾公平与效益等特点，成为促进环境保护与经济增长协调发展的有效手段，在全世界各地得到广泛运用。历经30多年的发展，排污权交易已成为我国市场型环境规制政策的重要一环，各地纷纷开展试点并取得长足进步，但是存在实施时间、实施强度等方面的差异，定量评估我国环境规制尤其是排污权交易机制的环境与经济效果，有利于总结分析制度实施的经验与不足，完善我国环境规制体系。本书在总结环境规制和排污权交易相关理论与国内外实践的基础上，分析了环境规制影响企业行为的微观机理，提出了非期望产出的四阶段 SBM-DEA 方法，测量了2003—2018年中国275个地级及以上城市的综合环境效率、技术效率和结构效率，在此基础上运用空间 DID 研究了排污权交易制度对区域环境效率影响程度与路径。全文具体工作与结论包括：

（1）在区域绿色发展过程中府际间污染治理存在利益冲突而导致的污染转移问题，为破解污染“避难所”困境，本书基于有限理性假设，充分考虑地方政府和企业发展的异质性，对考虑企业合规行为时府际关系的演化逻辑展开研究，同时对现有“腾笼换鸟”“凤凰涅槃”两种绿色转型合作模式进行延伸分析。研究发现：演化过程中政府及企业的初始意愿将决定系统的演化稳定方向，且发达地区选择“腾笼换鸟”或“凤凰涅槃”策略在一定渐进条件下可达到理想稳定状态；发达地区可通过减小不同策略下减排技术补贴差距推动当地企业就地绿色升级，中央可加大对区域内绩效补贴，减少地区间“逐底竞争”现象；合作的利益共享机制将有利于实现区域内府际合作，推动区域绿色协同发展。

（2）突破了传统的企业同质性假设，建立了基于企业异质性竞争与政府互动的博弈模型，从企业减排技术投资与生产经营的角度，分析排污权交易制度企业的行为决策过程，从而探讨排污权交易制度影响环境效率的微观机理。结果表明，企业的最优减排技术投资和产量与企业本身的污染水平和排污权交易价格不是简单的单调变化关系，而是由产品市场、减排成本和排污权市场等多方面因素综合的结果。在特定条件下，污染程度越高的企业减排意愿越低或生产意愿越强；新技术的引进虽然可以降低单位产品的排污量，但由于整个市场的产量上升，从而增加了整个市场的污染物排放量，不过增加量随着排污权交易价格的增加而减小。当产品市场潜力较大时，污染排放随着新技术排放系数的增加而变小，但是市场潜力不大时，污染排放量随新技术的排放系数先增加后减小；排污权交易制度既能提升企业减排技术水平，也能提升低污染企业的产量与竞争力，促使部分高污染企业退出市场，实现整个行业的转型升级。因此，排污权交易制度具有提升环境效率的波特效应。

（3）针对传统 DEA 模型中投入和产出松弛性的问题，提出了非期望产出的四阶段 SBM-DEA 方法。该方法可以根据松弛量确定效率的改善方向，并且有助于剔除外部环境和随机因素对效率评价结果的影响，测算得到的结果真实反映了决策单元的内部管理水平，还可以从投入和产出角度全方位分析外部环境因素对效率测算的影响情况。进一步能将决策单元的综合效率值分解为技术效率和结构效率。通过对我国275个地级及以上城市2003—2018年的环境效率值的分析可以发现，环境变量和随机因素会高估城市的环境效率，从四大区域上看，东部地区的平均综合环境效率最高，其次是中部地区，然后是东北地区，最差是西部地区；从全国区域来看，有152个城市被高估，123个城市被低估。我国环境效率整体上在提升，但2003—2013年的增长幅度不大，从2014年开始呈现较高的速度增长趋势。根据技术效率和结构效率的取值，可以将我国城市分为“有效型”“双高型”“高低型”“低高型”和“双低型”5类，其中大部分城市处于“低高型”和“双低型”，说明我国城市的环境效率整体上水平不高，在技术水平和产业结构层面都具有较大的提升空间。

（4）针对我国排污权交易制度实施的区域差异特征，构建了评估排污权交易制度效果的空间 DID 分析框架。该框架一方面考虑了环境效率空间自相关对回归结果的影响，另一方面将多期双重差分纳入其中，从而能够针对我国各地区排污权交易制度实施时间的差异特性，准确评估其实施效果。基于该分析框架实证，以275个城市为对象检验了我国排污权交易制度对环境效率的影响程度、动态效应和影响路径。结果表明环境效率值存在显著的空间正相关，其中技术进步的空间聚集性要大于产业结构的空间聚集性，排污权交易制度显著提高了区域环境效率，而且是同时通过提高技术效率和结构效率来实现的。排污权交易制度所带动的综合环境效率空间溢出增长效应占总增长效应的10%以上，对技术效率的空间溢出增长效应在总增长效应中的接近40%，对结构效率的空间溢出增长效应在总增长效应中的也接近10%。金融技术效率改善有助于缓解工业部门的融资约束并提升其投资效率，提高企业效率，城镇化水平越高，环境效率越高，市场化程度与区域环境效率正相关，外商直接投资显著促进了主要污染物排放量的上升，从而降低地区环境效率。

（5）提出了完善排污权交易机制的对策建议。充分运用大数据等新兴技术，进一步完善排污权总量控制和交易价格形成机制；正确认识各种分配规则，建立多种分配规则共存的分配规则体系；促进区域一体化发展，进一步健全污染物区域协同减排与治理机制；深化供给侧结构性改革，进一步优化地区产业结构调整与转型升级机制；加大政策帮扶与鼓励支持，进一步健全企业技术创新与转型激励机制。

目　　录

第1章　绪论 ………………………………………………… 1
1.1　研究背景与意义 ……………………………………… 1
1.1.1　研究背景 ……………………………………… 1
1.1.2　研究意义 ……………………………………… 6
1.2　国内外文献综述 ……………………………………… 7
1.2.1　环境规制与企业行为相关研究 ……………… 7
1.2.2　排污权交易制度与企业行为相关研究 ……… 10
1.2.3　环境效率评价相关研究 ……………………… 19
1.3　研究内容与方法 ……………………………………… 22
1.4　创新点 ………………………………………………… 24

第2章　环境规制理论基础与国内外实践 ……………… 27
2.1　环境经济学相关理论 ………………………………… 27
2.1.1　新古典资源配置理论 ………………………… 27
2.1.2　污染排放与外部性 …………………………… 30
2.1.3　环境规制与波特假说 ………………………… 31
2.2　排污权交易理论 ……………………………………… 35
2.2.1　科斯定理与产权理论 ………………………… 35
2.2.2　排污权交易机制体系及其作用机理 ………… 36
2.3　排污权交易制度的实践 ……………………………… 39

2.3.1 国外实践 …… 39
2.3.2 中国实践 …… 43
2.3.3 国外排污权交易对我国的启示 …… 48
2.4 本章小结 …… 49

第3章 环境规制下企业迁移行为的演化机理分析 …… 51
3.1 引言 …… 51
3.2 政府与企业的互动关系演化博弈模型 …… 53
3.2.1 政府规制与企业行为互动的影响机理分析 …… 53
3.2.2 模型假设及参数设置 …… 54
3.2.3 演化博弈模型 …… 57
3.3 演化趋势分析 …… 58
3.3.1 地方政府甲的策略演化趋势分析 …… 58
3.3.2 地方政府乙的策略演化趋势分析 …… 60
3.3.3 企业的策略演化趋势分析 …… 61
3.4 地方政府绿色发展策略分析 …… 63
3.4.1 “凤凰涅槃”策略（对应情形1） …… 63
3.4.2 考虑府际合作方式的演化均衡拓展分析 …… 65
3.4.3 “腾笼换鸟”策略（对应情形2） …… 67
3.4.4 “飞地经济”合作策略（对应情形3） …… 67
3.4.5 数值分析 …… 69
3.5 本章小结 …… 71

第4章 环境规制下企业技术创新行为的微观机理分析 …… 73
4.1 引言 …… 73
4.2 基本模型 …… 74
4.3 单一技术选择情形 …… 76

4.3.1 企业的技术选择行为 …… 77
4.3.2 新技术对整个产品市场和排污市场的影响 …… 81
4.3.3 社会福利 …… 86
4.4 连续技术投资情形 …… 88
4.4.1 企业产量决策与减排技术决策 …… 88
4.4.2 最优排放配额与社会福利 …… 91
4.4.3 企业异质性分析 …… 95
4.5 本章小结 …… 99

第5章 我国区域环境效率评价及其技术与结构因素分解研究 …… 101
5.1 引言 …… 101
5.2 研究方法 …… 101
5.2.1 非期望产出的SBM-DEA模型 …… 102
5.2.2 非期望产出的四阶段SBM-DEA方法 …… 104
5.3 数据来源与指标构建 …… 108
5.3.1 数据来源 …… 108
5.3.2 指标构建 …… 108
5.4 我国区域环境管理的综合效率分析 …… 112
5.4.1 环境变量与随机因素对环境效率的影响 …… 112
5.4.2 我国区域综合环境效率的时空分布特征 …… 117
5.5 我国区域环境管理的技术效率与结构效率分析 …… 122
5.6 本章小结 …… 122

第6章 基于空间DID的排污权交易制度影响区域环境效率的实证研究 …… 125
6.1 引言 …… 125
6.2 研究方法 …… 125

6.2.1 多期 DID 模型 …… 125
6.2.2 空间 DID 回归模型 …… 127
6.3 数据来源与变量解释 …… 130
6.4 空间相关性检验 …… 132
6.5 基准回归结果 …… 136
6.5.1 空间回归结果 …… 136
6.5.2 直接效应、间接效应和总效应 …… 139
6.6 环境质量、规制强度与实施效果 …… 140
6.7 技术进步和结构调整的机制分析 …… 143
6.8 动态效应 …… 146
6.9 稳健性检验 …… 148
6.9.1 不同的空间权重矩阵 …… 148
6.9.2 安慰剂检验 …… 150
6.10 本章小结 …… 152

第 7 章 排污权交易制度优化的对策建议：以湖南省排污权交易试点为例 …… 155
7.1 引言 …… 155
7.2 湖南省排污权交易制度试点现状 …… 155
7.2.1 交易制度体系 …… 155
7.2.2 初始排污权分配 …… 156
7.2.3 交易价格 …… 157
7.2.4 交易情况 …… 158
7.3 湖南省排污权交易制度效果分析 …… 160
7.3.1 湖南污染物减排情况 …… 160
7.3.2 湖南省环境质量情况 …… 161

7.4 湖南省排污权交易市场建设存在的问题及对策建议 …………… 162
7.4.1 湖南省排污权交易市场建设存在的问题 ………………… 162
7.4.2 完善湖南省排污权交易制度的政策建议 ………………… 165
7.5 本章小结 …………………………………………………… 167

第 8 章 结论与展望 ……………………………………………… 169
8.1 研究结论 …………………………………………………… 169
8.2 研究展望 …………………………………………………… 172

参考文献………………………………………………………… 175

附录…………………………………………………………… 193

第1章 绪论

1.1 研究背景与意义

1.1.1 研究背景

中国环境质量虽然总体保持持续改善的势头，但污染防治形势依然严峻。以水污染和空气污染为例，中国环境监测总站数据显示，2018年，长江、黄河、辽河、珠江、淮河、海河、松花江七大流域以及浙闽片河流、西南诸河、西北诸河监测的1 613个水质断面中，Ⅰ类水体占5.0%，Ⅱ类水体占43.0%，Ⅲ类水体占26.3%，Ⅳ类水体占14.4%，Ⅴ类水体占4.5%，劣Ⅴ类水体占6.9%；2018年全国338个地级及以上城市中高达217个城市的环境空气质量超标，占64.2%[①]。新中国成立以来，伴随经济快速发展产生的环境污染不仅导致国民恶性疾病高发，社会福利明显下降，从长远来看，更是对我国经济可持续发展产生了较为严重的负面冲击。中国政府历来重视环境污染问题，采取了一系列政策和措施。从20世纪70年代的“老三项制度”（包括“三同时”制度、排污收费制度和环境影响评价制度），到20世纪80年代的“预防为主，防治结合，谁污染、谁治理”的环境治理政策以及“新五项制度”（包括环境保护目标责任制、城市环境综合整治定量考核制度、排污许可证制度、污染集中制度、限期治理制度），再到20世纪90年代，向全过程控制、浓度控制与总量控制结合、分散治理与集中治理结合的转变。及至21世纪初，科学发展观、资源节约型和

① 中华人民共和国生态环境部．2018 中国生态环境状况公报 [R].2019-05-20. http://www.cnemc.cn/jcbg/zghjzkgb/201906/P020190618416112166768.pdf

环境友好型社会建设、清洁生产、“大气十条”“水十条”和“土十条”等理念和政策纷纷出台。总的来说，我国环境政策手段不断丰富，涵盖命令控制手段、市场经济手段、自愿行动、公众参与等形式。目前中国正处于经济增长方式转型升级的关键时期，在这样的背景下，如何寻找一条既能实现节能减排保护环境，又能最小程度影响经济发展更或者促进经济发展的道路，具有重要的现实意义。党的十八大报告提出，积极开展节能量、碳排放权、排污权、水权交易试点；党的十九大报告明确提出，构建政府为主导、企业为主体、社会组织和公众共同参与的环境治理体系；党的二十大报告中强调健全现代环境治理体系的重要性，提出要全面实行排污许可制，并指出这为推动生态环境治理体系和治理能力现代化指明了方向。排污权交易市场机制，因其让企业成为减排主体、降低政府的管理成本、促进技术革新和绿色经济发展、促进公平与效益相统一的特点，成为实现环境保护与经济增长协调发展的有效手段，在全世界各地得到广泛运用。

1.1.1.1 环境规制促进跨区域生态环境协调治理

随着环境治理成为了高质量发展的重要板块，环境规制政策的实施已被国内外学者多次论证可以从促进企业减排技术选择和改善资源配置等方面提升企业的全要素生产率（Wang et al.，2019；任胜钢 等，2019；陈晓红 等，2021），从而推动产业向绿色、高质量经济发展转型，但环境规制的提高也增加了当地产业尤其是污染密集型企业的合规成本，“一刀切”的污染控制往往会对我国工业部门中高污染企业进行技术投资产生负面影响（Li，2019）。中国东部沿海地区与中西部地区的经济发展差距逐渐拉大，地方上的环境规制强度差距也随之增加，这一差异性使得我国污染密集型企业逐渐面临减排技术选择或迁移的抉择问题，从短期来看，欠发达地区承接发达地区“腾退”的企业可以推动当地经济发展，但是长期来看，高污染型企业的转移行动将造成全国范围内的污染转移，不利于地区经济的稳定可持续发展。环境规制及环境规制竞争引起的环境污染转移，不仅使得我国环境治理没有达到理想的效果，也与我国现在倡导的区域生态环境协同治理理念背道而驰。因此，如何实现环境规制政策从中央政府到地方政府的统一，规范地方政府之间的竞争行为，促进技术进步和产业的绿色转型升级，而不是简单的污染再次转移，达到跨区域生态环境保护的协同推进，是我国环境治理亟待解决的问题。

1.1.1.2 排污权交易制度已成为污染减排的重要工具

排污权交易是一种经济刺激手段。在排污权交易市场中，排污权的卖方可以通过剩余排污权的转让获得相应的经济回报，也就是通过市场机制对企业的节能减排等外部性行为进行经济补偿。因此，排污权交易对于环境保护有着极其重要的意义，一方面可实现环境外部性的内在化，促进治污环保技术的广泛应用，另一方面可以推进环境保护向产业化发展转型。美国最早采取相关措施开展排污权交易。从20世纪70年代开始，美国环境保护署（EPA）在水污染源管理以及大气污染源管理过程中都尝试运用排污权交易法则，通过实施容量节余（Netting）、配额储存（Banking）和泡泡法则（Bubble）等手段，逐步建立起一套比较完善的排污权交易政策体系，该体系涵盖了补偿、储存和容量节余等核心内容。与此同时，欧盟、澳大利亚以及加拿大等发达国家和地区也逐渐重视排污权交易，并且积极探索制定相应的制度。在排污权交易市场方面，国外经过长时间的探索与积累，已经取得了一定的经验，并且逐步形成了相对应的制度体系，当然，其实施时也存在相应的问题，但是在我国建设区域性的排污交易市场过程中，这些问题与经验都给我们提供了非常重要的借鉴作用。

1.1.1.3 我国排污权交易试点成效显著，但区域差异较大，效果不一

1987年，我国开始启动排污权交易；2014年，国务院出台了《关于进一步推进排污权有偿使用和交易试点工作的指导意见》，对初始排污权分配、有偿取得、出让方式以及收入管理等方面都进行了详细的规定；2017年提出，在建立交易制度的同时完成试点工作。自2014年国务院出台相关指导意见以来，在各部委和地方政府的积极配合之下，各个地区的试点工作都稳步向前推进，并取

得一定成效（见表1-1）。纳入排污交易的产品主要有：化学需氧量（COD）、二氧化硫（SO_2）、氨氮（NH_3-N）、氮氧化物（NO_x）等。截至2018年8月，一级市场累计征收排污权有偿使用费117.7亿元，二级市场交易金额累计72.3亿元[①]。

表1-1 我国部分地区开展排污权交易试点的情况

试点地区	开始时间	交易产品种类	覆盖范围
湖南	2010 年 2015 年	COD、NH_3-N、SO_2、NO_x、铅、镉、砷	2010 年，长沙、株洲、湘潭三市；2015 年，湖南省所有工业企业
湖北	2009 年	COD、SO_2	新建、改建、扩建项目
江苏	2008 年	COD	太湖流域的苏州市、无锡市、常州市和丹阳市，2018 年全省全面实施
浙江	2009 年	COD、SO_2	太湖流域、钱塘江流域
内蒙古	2011 年	COD、SO_2、NH_3-N	全省
河北	2016 年	COD、SO_2、NH_3-N	全省
山西	2012 年	COD、SO_2、NH_3-N	全省

尽管排污权交易制度在我国各地得到快速发展，但是基本都处于摸索状态，具有典型的地方特色。在开展排污权交易探索的地方中，湖北、重庆等地采取的是电子竞价拍卖的形式，而其他地区如江苏、内蒙古等地选择的是直接出让的方式，按照排污权基准价格进行购买，这些方式在严格意义上说应该划分为一级市场的交易。从交易规则上来说，竞价机制是多数地区首选的交易机制，但是各地区机制并不统一，规则也并不完善，当前只有山西、陕西、湖北、河北以及内蒙古针对这一机制制定了具体的竞价规则，部分试点地区还是存在一系列的问题，如价格过高、竞价翻倍增长等；此外，在部分地级市试点地区，交易规则模棱两可，政府在排污权交易中没有起到相应的引导作用，甚至存在缺位现象，同时还存在交易主体“拉郎配”等一系列的问题。具体政策的差异导致排污权交易的实施效果千差万别，有的排污权交易所甚至出现“零成交”

① 排污权有偿使用和交易金额显著增加[N]. 经济日报.2019-01-24.http://www.gov.cn/xinwen/2019-01/24/content_5360745.htm

的现象。在2008—2018年间，主要试点地区排污权交易额最多的浙江比最少的湖北高出几十倍。从公开数据显示来看，自2007年启动排污权试点到2017年，湖南、浙江、重庆、山西等11个试点市场的交易比较活跃；从交易笔数来看，湖南近十年间接近10万笔，而从交易金额来看，浙江的交易金额达到100亿元之上，占全国总交易额近三分之二；其他试点市场交易则相对较为冷清。在排污权交易价格基准上，各个试点地区也是各不一样，没有形成一种相对体系化的标准，总体上来看东部沿海发达地区和内陆中西部地区呈现两种不同趋势：前者排污权交易价格基准较低，后者的价格基准较高。这种基准价格的差异与东中西部产业布局有一定的关联性。

1.1.1.4 技术进步和产业结构升级是区域环境效率提升的主要因素

技术进步改变了现有的生产方式，改善了技术和生产方式的联系，是推动我国经济增长的最重要因素之一。同时，生产技术和污染减排技术的发展，提升了企业全要素生产率，降低了单位产品能耗，减少了环境污染，因此，技术进步是区域环境效率提升的重要因素。我国长期以来的环境污染主要来自高污染和高耗能的传统产业，如钢铁、水泥、煤炭、化工、有色金属等，它们不仅消耗大量资源和能源，而且带来空气污染、水污染、土壤污染等环境污染问题，严重危害人类和其他生物的生存环境，并带来诸多疾病和健康问题。经济结构的优化升级会使污染严重的产业所占比重逐渐下降。新中国成立70多年来，我国三次产业发展趋于均衡，经济发展的全面性、协调性和可持续性不断增强，对环境的破坏程度也越来越小，环境质量和环境效率稳步提升。

综上所述，我国排污权交易制度建设发展比较迅速，全国各个地区均积极探索并开展实践，但是，排污权交易制度影响环境效率的技术创新与结构转型路径如何，排污权交易制度的实施效果如何，而且各地实践探索存在很大地方性特色，究竟哪种模式适合推广到全国，或者说如何根据地方特色制定合适的排污权交易制度方案，目前还没有统一的认识。解决上述问题一方面需要厘清排污权交易制度对区域环境效率的影响机制，即排污权交易制度从影响单个企业行为到影响整个市场结构与环境效率的过程机制；另一方面需要立足我国排污权交易制度的实践，剖析其实施效果，总结经验和教训。因此，开展我国排污权交易制度对区域环境效率影响的理论与实证研究，具有重要的理论价值与现实意义。

1.1.2 研究意义

（1）深入分析我国环境规制促进企业迁移和技术创新行为的微观机理，有利于丰富环境规制影响企业行为的理论体系。

企业迁移与区位选择是外部市场环境、营商环境和企业自身特性等一系列因素的综合结果，是企业与外部互动之后的最优选择，从中央政府到地方政府自上而下的环境规制约束，以及地方政府横向的逐底竞争或竞相向上式环境规制竞争，显著影响着企业的迁移和区位选择行为。新经济地理学中的“中心—外围”模型、自由资本模型、自由企业家模型等理论模型分别从不同角度阐述了企业区位选择的内在动因与理论机制，然而现有研究较少把政府环境规制尤其是环境规制竞争等因素纳入分析框架，因此建立包含中央政府、地方政府和企业三方面主体的行为互动均衡模型，研究政府环境规制竞争对企业区位选择的影响机理，有利于完善新经济地理学的企业区位选择理论。排污权交易机制可以实现较为灵活、公平高效的资源配置与优化，激发企业进行减排技术创新。企业进行减排技术选择和产量调整等决策受多方面因素共同影响，亟须厘清异质性企业进行减排技术选择的内在机理及其与产品市场变化和排污总量控制之间的复杂关系。

（2）定量评估我国排污权交易制度实施的环境与经济效果，有利于总结分析我国排污权交易制度实施的经验与不足。

我国排污权交易制度经历了几十年的发展，从原来的地方性试点到现在推广到全国，越来越得到各级政府的重视。但是针对我国的节能减排和经济发展，排污权交易制度究竟能发挥其多大作用，目前没有一致的结论。一方面各个地区都在大力推广排污权交易试点政策，但是另一个方面，部分政府官员对于这一制度的实施是否有效存在一定疑虑，或是认为它与其他环境规制政策一样，过于严厉的政策力度将会损害经济的发展，因此并没有实质性地把排污权交易制度实施下去，只是把它作为面子工程或政绩工程。而且很多企业也没有充分认识到排污权交易制度的激励功能，不愿主动加入交易市场中，从而导致交易不活跃、企业参与积极性不足等问题。因此，对我国排污权交易制度能够对环境与经济产生多大效果进行定量评估是非常有必要的，分析试点地区成功和失败的相关经验教训，能够帮助我们更加全面客观地认识我国的排污权交易制度。

（3）提出针对性的排污权交易制度改进措施，有利于优化我国排污权交易制度体系，提升其节能减排与经济促进效果。

通过分析与总结我国排污权交易制度的地区差异特征以及造成的不同效果，检验排污权交易对技术创新和产业结构升级的双重影响，结合各地产业结构、人口结构、资源禀赋、经济规模等特征，提出针对性的排污权交易制度改进措施，有利于更科学地制定总量减排任务，更灵活地分配排污权初始配额，更市场化地设定交易机制，更合理地制定政策目标与实施力度，从而优化我国排污权交易制度体系，提升其节能减排与经济促进效果，助力我国走出一条环境保护与经济增长协调发展的道路。

1.2　国内外文献综述

1.2.1　环境规制与企业行为相关研究

1.2.1.1　地方政府环境规制互动策略研究

随着协调发展理念的提出与深化，京津冀、长三角、珠三角等城市群陆续推出一系列跨区域生态环保协同治理措施，政府环境规制开始显现同步向上的空间关联性。协调可持续发展理念的提出与深化，使得地方政府在环境规制的制定、实施和监督过程中的“逐底竞争”慢慢向“竞相向上”转变。环境规制是政府环境规制政策的工具，也是生态产业转型创新的重要动力（Frondel，2007；曾昉，2021）。吕鹏等（2021）指出中央及地方政府考虑到政府治理成本问题可能会放弃对地方政府、企业的监管而阻碍环境治理。与此同时，周林意等（2018）指出产品、要素及污染物等在空间中的流动将导致地方政府除了税收竞争，本地区的污染还可能对邻近地区的环境产生间接污染，因此地方政府之间的互动关系取决于两者的综合。傅强等（2016）利用省级层面数据证明各级地方政府在不同的自身发展所处阶段选择“涅槃”“腾笼”还是承接被腾退的企业。Sigman（2014）、傅强等（2016）分别利用国际、国内层面环境治理数据研究发现该影响在各地方政府间存在差异，这种过度竞争将会削弱分权制环境治理对高质量绿色发展的正向影响。

1.2.1.2 环境规制对企业减排技术选择影响

在地方政府竞争与环境规制共同作用下当地企业减污减排趋势是近年来学术界关注的热点之一，但大多聚焦于探讨不同的环境规制方式设定对推动企业减排技术选择、提高全要素生产率的效果。在现实生产过程中，面对环境规制强度不断提升导致的企业合规成本压力增加，环境规制是否能促进企业的创新补偿存在较大争议。一方面是 Porter（1995）提出的“波特理论”，认为适当的环境规制不仅不会损害企业的竞争力，反而能够促使企业通过创新来提高效率、降低成本，并最终增强其市场竞争力。将这一理论应用于我国排污权制度建设的背景下，我们可以看到政府通过对排放总量设定上限并允许排污权交易的方式，在一定程度上模拟了市场竞争机制。另一方面也在提出严格的环境规制导致的合规成本增加可能会挤占企业的生产投入，削弱企业竞争优势。从监管和竞争优势的视角来看，绿色政策的实施可以有效促进绿色技术创新（任胜钢 等，2019；陈晓红 等，2021）。但是，环境规制强度的增加对企业的直接影响体现在合规成本上升，环境规制强度过于严格将会促使企业降低治污投入（Ford，2014）。Bergek（2014）、齐绍洲等（2018）、任胜钢等（2019）经过实证研究证明环境规制能够显著提高能源的利用率，史丹等（2020）、Ye 等（2020）、方芳等（2020）指出不同区域的效果存在明显差异，但对该差异产生的原因展开的讨论较少。

1.2.1.3 环境规制对企业迁移行为影响

随着生产要素流动放开程度的提高，流动性强的污染产业技术创新积极性较低，更倾向于直接向管制宽松地区转移（潘峰 等，2015；Dou et al.，2019），即在实际运营过程中，企业除了会选择调整自身减排技术选择方案来降低减排成本和边际减排成本，还会基于长期的经济效益调整自身生产要素的配置及区位选择，可见政策环境的改变很大程度上会影响企业的区位选择（Wang，2021；Xin，2022），Yang 等（2015）研究发现区位迁移在绿色政策对技术创新的影响过程中发挥中介作用。因此要实现环境保护和经济高质量增长“双赢”的目标，必须进一步理清针对当地政府的环境规制强度与当地企业减排技术选择策略之间的动态博弈。关于我国政府的环境规制对 FDI（Foreign Direct Investment，外商直接投资）的影响，也有学者进行了一系列研究（邓慧慧，2019）。利用产业层面的数据，研究环境规制导致的产业转移与污染转移（沈坤荣 等，2017），但是这些研究难以识别企业的具体迁移行为。Pethig（1976）指出在考虑集聚效应及市场因素时环境规制强度对产业转移的影响不大。在绿色政策对产业转移影响的研究中发现，环境规制强度的增加对污染密集型产业的转移具有先抑制后促进的作用（Elbers，2003；Li，2020）。同时，欠发达地区因承接这些高污染企业将会严重影响当地环境治理绩效以及当地民众生活品质而抑制污染密集型企业聚集（Selten，1988）。可见，企业的迁移行为会反过来制约地方政府的绿色政策制定，由此呈现出多重动态的复杂博弈关系，其中企业行为与地方政府的互动关系有待进一步理清。

1.2.1.4 企业行为对地方政府环境规制影响

企业对环保政策的制定和实施都有重要影响。环境规制问题中，政府和企业合作，共同推进环保治理和可持续发展，能够实现多方共赢的局面。针对不同行业、不同企业，需要制定针对性的环保政策和环保标准，促进企业绿色发展和环保科技创新，建立长效打击环境污染的机制和环保审计评估体系，共同推动环保事业的发展。总的来说，企业行为在环保政策制定方面具有重要作用，并且与环保政策之间存在着双向互动关系。因此，对于环保政策制定者和执行者来说，需要更加重视企业行为对环保政策的影响，并在政策制定和实施中积极应对企业的利益诉求。

1.2.2 排污权交易制度与企业行为相关研究

1.2.2.1 排污权交易制度设计研究

排污权交易的思想源于科斯定理。Coase（1960）提出，环境污染治理等外部性问题，不能通过征收庇古税的方式解决，而交易成本为零、产权明晰的市场机制，可以实现资源最优化配置，实现社会福利最大化。受科斯定理的启发，Dales（1968）针对污染物排放权利，首次提出了排污权交易的设想。Crocker（1966）以大气污染控制为重点，发展了排污权交易的理论体系。进一步，Montgomery（1972）证明排污权交易既能降低成本、提升企业效率，又能够保证污染治理与环境保护的公平性，相比传统的环境治理政策更具有明显的优越性。排污权交易以控制总量的方式来达到环境保护的要求，之后再以合法的污染物排污权促成市场的构建，最终在这样一种市场机制之下有效降低污染治理的社会总成本。

随着排污权交易理论的不断深化与丰富，越来越多的国家开始重视排污权交易，并且积极采取相关措施进行实践。1976年，美国环境保护署（EPA）在空气与流域污染治理中尝试运用排污权交易机制；经过1979年的《清洁生产法》以及1990年的修正案，排污权交易制度被正式写入法律条律，并且开展大范围的交易试点。随后欧盟、澳大利亚等国家和地区也纷纷效仿，结合各自的实际情况，建立跨区域的排污权交易市场。1992年，政府间气候变化专门委员会（IPCC）通过了《联合国气候变化框架公约》，并于1997年达成了《京都议定书》，明确将排放权交易作为重要的政策工具治理全球气候变暖问题。我国在20世纪80年代便开始排污权交易的探索，不过早期的排污权交易模式是企业与企业直接进行谈判，随着首个排污权交易中心于2007年在浙江嘉兴成立，逐渐转变为交易所模式。自2008年开始，北京、上海、天津、重庆、山西、陕西等地方性的环境资源或排污权交易机构相继成立，我国排污权交易实践进入快速发展阶段。通过中国各地开展碳排放交易系统（Emissions Trading System，ETS）试点的地方适应性措施发现，这些地方的政策创新在有效推动碳交易活动方面发挥了重要作用，解决了如经济和政治环境高度不平衡、排放数据有限和技术能力不足、参与者对排放交易机制的认识低等问题，但需进一步突破立法设置、监测和核查技术、行政干预等挑战，并推动排污政策与其他污染许可制度相结合（Shen et al.，2019；Ye et al.，2020）。

污染物排放总量控制是进行排污权交易的前提条件，建立合理的排污权分配机制是保证排污权交易市场运行效率的关键（Ji et al.，2017；钱浩祺 等，2019；王文举 等，2019）。目前，排污权初始分配方式主要有免费分配、有偿出售和拍卖竞标三类，其中免费分配是使用最多的分配方式。免费分配也有不同的形式，包括考虑公平效益的非经济因素分配方式、根据经济产出或排放产出的经济活动量分配方式和根据成本效率的分配方式（Momeni et al.，2019；Yu et al.，2019）。在公开拍卖竞标这一分配方式上，许多学者认为，一方面拍卖可以保证配额分配的公平性，并且给予企业更大的灵活性去分配资金以调整生产或进行减排技术投资，另一方面如果通过拍卖而获得的收入可以降低历史存在的税收扭曲，那么该分配方式将创造更大的社会福利（郭瑞 等，2020）。但是，在实际操作的过程中，公开拍卖以及有偿标价出售都遇到了相当大的阻力。面对这样一种情形，部分研究者提出混合分配模式，即将排污权分为两个部分，一部分免费分配，另外一部分用于对外拍卖。虽然有的研究者对此并不赞同，主张应当实行完全拍卖，但是他们也认为短时间内实现完全拍卖的可能性很低（Lee，2019；Sun et al.，2020；朱帮助 等，2017；李冬冬 等，2020）。

在排污权交易的影响因素当中，初始排污权定价机制可以说是核心要素之一，它对排污权交易的活跃程度和有效性具有重要影响（田贵良 等，2020；吕靖烨 等，2019）。肖江文等（2003）、王先甲等（2004）对公开拍卖和免费分配这两种方式进行了研究与探索，研究显示，免费分配的方式不利于整体效用的发挥，而且还会引起一系列的寻租行为；而公开拍卖不仅提高了交易成本，在一定程度上可能会导致初始排污权资源出现被垄断的现象（郑君君 等，2017；杨晶玉 等，2018）。陈晓红等（2016）研究中发现，碳交易价格的不断提高会使制造商最优单位碳排放量减少；对于高减排成本中间型制造商，随着碳交易价格的上升，制造商最优单位碳排放量呈现减少—增加—减少的趋势。陈晓红等（2013）对芝加哥气候交易所进行了研究，发现配额供需是第一阶段合约配额价格的主要影响因素。第二阶段能源价格影响最大，而且最主要的影响因素是天然气价格。胡东滨等（2017）研究发现，在碳交易市场运行的有效性当中产品市场的市场结构是重要的影响因素，产品市场属于完全竞争性的情况之下，碳交易市场的收益波动符合随机游走，但是市场垄断的情况之下，这一情况就会被改变。除此之外，外部的经济条件和自然因素以及行业覆盖率、年度减排系数和免费分配率等因素都对排污权交易有很大的影响（Han et al.，2019；Jie et al.，2021；Lin et al.，2019；Hintermayer，2020）。

1.2.2.2 排污权交易制度环境效应研究

理论上认为只要严格控制污染物排放总量，使其呈现逐步递减的趋势，那么在多期排污权交易的实施之下，就能逐步达成污染减排的目的。但是在实践过程中，一方面富余的环境容量难以量化，由于污染排放监测技术不成熟、相关评价标准不统一，区域排污总量的确定以及初始排污权的核定等工作难以科学开展，随意性较大，导致排污权的约束力受限，排污权市场中企业交易不活跃（武普照，2010；林春艳 等，2020；陈紫菱 等，2019）。另一方面排污权初始分配不合理以及市场结构因素，或是企业排污量测定与权力寻租以及政策执行强度不足的问题，都对排污权交易产生了很大影响，致使其在实践过程中往往无法达到预期效果。因此，排污权交易制度是否有效，是否能够发挥其减排作用，需要我们从实证上去分析与研究。从当前的研究角度来看，结论是不一致的。Plott（1983）针对解决污染外部性问题的三种制度：排污税、排污限额以及排污权交易，以经济实验方法进行了比较分析。研究表明，只有在完全市场竞争条件下，排污权交易具有更高的市场效率；当存在垄断竞争或寡头垄断时，排污权交易的效果又无可预知了。孙亚琴等（2011）针对一级市场和二级市场并存的情况，从社会成本的角度对排污权减排的经济机理进行了研究。斯丽娟等（2020）发现排污权交易对 SO_2、NH_3-N 和 COD 三类约束性总量控制污染物具有显著的减排效应，并且排污权交易的环境影响并未受到排污费和“两控区”政策的干扰。张彩云（2020）研究发现仅实施排污权交易制度无法实现就业和环境的“双重红利”，同时实施总量控制政策和排污权交易制度的样本，“双重红利”效果是显著的，可见总量控制政策是排污权交易制度获得“双重红利”的前提条件。任亚运等（2019）发现中国碳交易政策在促进了试点地区碳排放强度下降的同时，还促进了试点地区整体绿色发展。

针对 SO_2 排污权交易问题，已有许多学者进行了研究（Feng et al.，2020）。Wang 等（2004）曾经在对 SO_2 排放问题的研究过程中引入中国排污权交易制度，研究发现 SO_2 排污权交易在电力部门的实施阻力比较大，原因是电力部门所属企业大部分都属于国有企业，为了打破国家权力下的垄断局面，国企进行重组，而这一时期恰逢排污权交易政策推进时期。因此，重组进展对排污权交易政策的实施产生了很大影响。Cheng 等（2016）利用 CGE 模型模拟分析了排污权交易制度的减排潜力。结果表明，排污权交易制度可以使2020年广东省 SO_2 和 NO_x 的排放量与2010年相比较降低33% 和31%。李永友等（2016）采用

PSM-DID 方法，研究分析了自2007年之后的 SO_2 排污权交易机制所产生的减排效应，发现实践了排污权交易政策的试点省市的排放确实得到了一定的控制。Kroes 等（2012）通过对参加美国酸雨计划的燃煤企业的实证研究发现，排污权交易能够显著降低参与酸雨计划企业的 SO_2 排放强度，同时也会降低企业绩效（包括托宾 Q 系数和资产收益率）。Burtraw（1999）采取集成分析计算机模型——跟踪和分析框架（Tracking and Analysis Framework）对美国 SO_2 交易制度对环境的影响进行了分析研究，从政策实施的角度来看 SO_2 排放量的变化、硫沉积的变化以及周围环境硫浓度的变化，同时还对这一政策给公众健康带来的影响进行评估。另外，部分研究者发现在 SO_2 的减排过程中排污权交易并没有产生很好的效应。涂正革等（2015）基于 DID（Differences-in-differences，双重差分）方法的研究表明，在控制 SO_2 的排放量过程中排污权交易试点政策并未产生相关影响。但是，上述相关研究主要是基于短时间之内的减排效果，如从长期减排效应来分析，潜力还是巨大的。2002—2012年10年间，试点政策可潜在降低11.2% 的 SO_2 排放量。假如能够在全国范围内实施，那么潜在减排效应预估将能提升到52.7%。李永友等（2008）基于省际工业污染数据分析了排污权交易的减排效果，结果表明，在江苏、浙江、天津、湖北等7个地区实施的排污权交易制度并不能减少工业污染排放，反而在试点地区的污染排污呈现更高的趋势。可能的原因是仅仅根据7个试点地区的宏观统计数据进行分析，并不能正确评估排污权交易实际减排效果。所以，从上述研究结果来看，并不能表明试点地区所实行的排污权交易是完全没有效果的。Hou 等（2020）的研究结果表明，我国 SO_2 排污权交易机制可使 ETS 地区 SO_2 排放量和 SO_2 强度分别降低12.3%和11.0%，但对 GDP 影响不大。在绿色 TFP 方面，SO_2 排污权交易抑制了绿色 TFP 的增长，其负面影响主要由效率变化的恶化引起。因此，SO_2 排污权交易对改善环境是有效的，但要同时实现绿色 TFP 的推广还很困难。

除了 SO_2 排污权交易制度，NO_x、COD、CO_2 等的减排政策也得到广泛的研究与实践（Hu et al.，2020；刘传明 等，2019）。如果发达国家为了保持全球排放量不变而制定更加严格的减排目标的话，碳排放将会在发达国家和发展中国家之间转移。针对我国的排污权和碳交易市场，也有大量学者做了相关研究。Wang 等（2018）将三河（淮河、海河、辽河）和三湖（太湖、巢湖、滇池）作为环境政策控制组，分析区域环境政策对企业 COD 排放的影响，发现在现有技术水平下只需减少0.1% 的产出即能达到10% 的 COD 减排指标。Hao 等（2018）利用我国283个主要城市的面板数据分析环境规制对工业废水排放、工业 SO_2 排放与工业烟尘排放的影响，研究发现现行的环境控制措施和法规还没有达到控制和减少污染的预期目标。梅林海等（2019）发现我国排污权交易政策显著提高了 SO_2 排放效率，减少了环境污染，政策实施效果达到预期。余萍等（2020）的研究结果显示扩大碳交易市场规模有利于改善环境质量，促进经济增长；相比于全国31个省份，扩大碳交易市场规模对试点省市具有较好的绿色效应和经济增长效应。总的来说，因为碳排放交易市场在制度的完整性和交易的活跃性方面具有一定的优势，受到的关注度更多（汪明月 等，2019；王勇 等，2019；张宁 等，2019）。

1.2.2.3 排污权交易制度的技术创新效应研究

近年来，学术界一直对环境规则与经济增长之间的关系争论不断。新古典经济学认为对于环境保护来说，环境规则不失为一种非常有效的方式，但是采取环境规制却不可避免地提高了企业的生产成本，使得企业的国际竞争力在一程度上降低，所以不利于技术增长。Porter（1991）、Porter 等（1995）、Ambec 等（2002）则持相反观点，提出环境规制和经济发展这二者不应当被简单看作相对立的双方。他们认为环境规制的设定只要是合理而严格的，那么对于企业而言就是利大于弊的，并且可以进一步激发企业的创新思维，从而帮助企业提高生产率以及竞争力，也就是说通过创新所产生的收益可以在一定程度上或者说全面抵消环境保护所产生的附加成本，这就是著名的环境波特假说。波特假说从两方面对环境规制进行了肯定，一方面强调其可以在保护环境的基础之上创造相应的经济利益，实现节能减排与经济发展双赢（王树强 等，2019；傅京燕 等，2020）；另一方面认为政府在环境保护和经济发展之间有着很好的协调作用，政府能够制定合理又严格的环境保护制度，从而既解决好环境问题又能够帮助企业从创新角度来降低生产成本（张新华 等，2020；金帅 等，2020；汪明月 等，2019）。部分学者从实证分析的角度对波特假说进行了认证，并对此予以高度赞同。如 Cecere 等（2016）对欧洲国家层面的面板数据进行分析研究，发现环境规制越严格越能激发相应的技术创新能力。Jefferson 等（2013）在对环境规制的分析研究中采用倍差法，发现其的确能够保证环境与经济实现双赢，达成企业在成本、利润以及就业等方面都实现良性发展。另外，部分研究者根据中国数据分析论证了波特假说的合理性。如，王兵等（2008）以绿色全要素生产率来衡量绿色生产技术，对省级面板数据进行分析，证实了环境规制对于绿色生产技术进步的实际作用。黄德春等（2006）在 Robert 模型中引入了相关的技术系数，发现环境规制虽然一方面确实会给企业生产带来一定的附加成本，但是也有利于激发创新思维，从而部分甚至有可能完全覆盖所产生的成本费用。陈诗一（2010）利用方向性距离函数（directional distance function，DDF）扩展的动态行为分析模型，发现了我国2009—2049年间想要真正实现双赢发展的最有效的节能减排方式。邵帅等（2020）发现我国排污权有偿使用和交易试点政策显著促进了试点地区绿色技术创新水平的提升。傅京燕等（2018）运用双重差分法和倾向性得分匹配法实证检验了我国 SO_2 交易制度对省级层面技术研发和绿色发展的影响情况，结果显示我国 SO_2 交易机制实施后在一定程度上有利于绿色发展，但效果并不显著。我国 SO_2 交易机制主要是以提高研发强度的方式来促进绿色发展，另一方面又以抑制技术引进以及治污投入的方式来减缓其对绿色发展的相关促进作用。史丹等（2020）则发现排污权交易制度能够显著降低单位地区生产总值能耗和提高绿色全要素能源效率。Rogge 等（2011）对42家电力公司进行分析发现欧盟 ETS 对技术变化的速度和方向有积极的影响。Hoffmann（2007）对德国电力部门的调查发现，欧盟 ETS 影响小规模投资，但不影响研发工作。还有很多研究者进一步深入研究了实行环境规制究竟对企业的生产率以及成本增减会产生多大影响（Fleishman et al.，2009），或者从环境规制到底是否能够促进总体创新（即生产技术创新和治污技术创新的综合）以及治污技术创新的角度进行了实证分析（Jaffe et al.，1995；Yang et al.，2020；王为东 等，2020），均在一定程度上支持了波特假说。

部分学者研究认为，环境规制不利于企业发展，引入环境规制从各个角度来看均是增加了企业成本，因此也限制了这类企业的创新能力以及国际竞争力。大部分学者等对波特假说的普适性提出疑义，其依据如下：第一，从经典理性人角度来看，企业往往会以利益最大化作为最优生产决策导向，并不总是从政府对环境管制的角度出发；第二，针对波特假说而言，提出者或者是支持者都是从案例分析的角度进行论证的，缺乏严谨的实证分析；第三，波特假说当中提到环境规制对企业的益处要求其是合理且严格的，但是所谓的合理且严格却没有一个相应的评判标准。以上观点也获得了部分学者的支持，Jaffe 等（1995）提出从机会成本等因素出发，发现企业在现实的生产经营当中一般都无法达到最有效率的生产边界，因此环境规制的非效率现象无可避免，从而对于技术进步的作用就无从说起了。以尤济红等（2016）为代表的国内文献也没有在中国找到支持波特假说的证据。Chen 等（2018）以“十一五”第一年为时间点，分析长江流域85个城市环境规制对企业活动的影响，研究发现严格的环境规制对污染型企业的相关经济活动起到了抑制作用。Lange 等（2005）发现美国的 SO_2 交易计划并没有引起洗涤器技术（燃煤发电厂通常采用该技术减少 SO_2 排放）的变化。Tang 等（2020）认为次优的制度环境和缺乏企业的动态响应是导致强波特假说效应失效的重要原因。Ju 等（2019）研究发现 ETS 带来的额外减排成本无法在所有地区的消费者和生产者之间自动传递，从而削弱了 ETS 的福利效应。

另外，还有部分研究者提出，环境规制对于提升企业竞争力以及促进其技术进步的作用是不确定的，或者说在一定条件下波特假说的存在还是有其合理性的。环境规制对与环境相关的技术创新的影响是正、负两方面影响综合比较后的结果。最主要的是，正负两方面所产生的影响并不是一定同步的，在短时间内负面效应往往会占主要，但是从技术创新的角度而言，其发挥效应的时间往往是更长的，这就导致了环境规制所产生的“创新补偿”效应短时间内无法弥补“遵循成本”所产生的负面影响。因此，从短时间内来看，特定的环境规制强度对于企业的技术创新来说是起到了抑制效果（胡玉凤 等，2020），但是从长远来看，还是能够促进企业技术创新的（Ju et al.，2019）。所以说，从时间维度看，特定的环境规制水平与技术创新两者所呈现的是一种“U”形关系（张成 等，2011）。蒋伏心等（2013）认为，环境规制一方面直接影响了企业的技术创新，另一方面也间接影响到企业规模、FDI 以及人力资本等，在其研究过程中选取了江苏省28个制造行业的面板数据进行分析发现，环境规制和技术创新这二者符合“U”形动态特征，是一种先下降后提升的关系，环境规制的强度越弱，影响效应就展现为一种“抵消效应”；环境规制的强度逐渐加强，则影响效应就逐步转变成为一种“补偿效应”；在企业的技术创新当中，FDI 和企业规模都是重要的影响因素，但是环境规制在一定程度上对 FDI 技术溢出效应和大企业规模效应产生一定的抑制作用，从而对技术创新产生间接影响。沈能等（2012）也认为环境规制强度和技术创新二者之间是一种“U”形关系，环境规制的强度只有达到一定的门槛值并且进一步突破之时，波特假说才具有现实可能性；对于经济发展而言则存在双重门槛，GDP 越高则环境越能够激发企业技术创新。Lanoie 等（2008）研究发现，目前所设定的环境规制无法对全要素生产率产生促进作用，但是环境规制的滞后却印证了波特假说。另外，李斌等（2013）提出，对于绿色生产技术进步而言环境规制存在门槛效应。张平等（2016）认为应对不同环境规制类型进行区别分析，这对波特假说的真实性起到直接影响。还有些学者发现欧盟排放配额的过度分配会抑制企业的创新动机，因此要慎重选择排污权配额分配方式，以期排污权制度能达到良好的激励效果（Calel et al.，2016）。刘晔等（2017）发现碳排放交易试点政策能够提高处理组企业的研发投资强度，从而激发更多企业的研发创新能力，但是对于碳排放交易试点政策的效应来说，仅仅只是激发了大规模企业的创新投入，在小规模企业当中并未产生相应作用。胡珺等（2020）发现碳排放权交易机制的实施显著推动了企业的技术创新，但企业成本转嫁能力会在一定程度上削弱该环境规制的积极影响，当企业所承受的产品市场竞争程度更低，企业对客户和供应商的议价能力更高时，碳排放权交易机制对企业技术创新的推动作用相对降低。

1.2.3 环境效率评价相关研究

1.2.3.1 环境效率评价与分解研究

近年来，国内外学术界针对环境效率评估进行了大量的探索研究。相较国内而言，国外研究起步较早，如联合国经济合作与发展组织（OECD）、联合国环境署（UNEP）以及世界银行等国际组织都先后将研究的焦点转移到环境效率之上来。国内环境效率研究从时间上来看起步晚于国外，但是发展进程更快，特别是定量分析方面已经取得相当多的成果。另外，在生态环境质量以及识别地区差异等方面也已经取得不错的进展。数据包络分析（data envelopment analysis，DEA）是一种非参数效率评价方法，其思想是基于决策单元（DMU）的多项投入和产出指标数据，通过求解线性规划确定最佳生产前沿面，根据其与前沿面的距离得到每个 DMU 的相对效率值。由于投入产出计量单位不会影响这一方法的计算结果从而可以对多投入多产出决策单元进行评价，并不需要提前主观的确定计算权重，因此，可以有效的降低环境指标赋权过程对评价结果的影响。

在上述优势之下，区域环境效率的测度大量运用了 DEA 方法（Song 等，2012；付丽娜 等，2013；陈晓红 等，2017）。Hailu 等（2003）的处理方法是将非期望产出当作投入变量纳入 DEA 分析框架中，而 Scheel（2001）则通过导数变换的形式把非期望产出变为期望产出处理，上述两种方法虽能满足效率评估中非期望产出越小越好的目的，但还是与企业实际生产过程有出入。Seiford 等（2002）首先将非期望产出乘以 –1变为负数，进而再通过一个转换向量将负的非期望产出转换成为正值，从而可以使用期望产出模型进行分析。这一方法最大的不足是增加了一个凸性约束条件，也就是该方法只能在规模报酬可变条件下进行分析，从而大大限制了它的使用。Tone（2001，2004）提出非径向和非角度的 SBM 模型，同时在这一基础之上对非期望产出进行考虑。Zhou 等（2006）在 Tone 的基础上结合 SBM 模型对30个经济合作发展组织（OECD）国家的环境技术效率进行了测量。周五七等（2012）利用 SBM 模型队省际工业碳排放效率进行了测量，从而对工业碳排放效率的区域差异进行了比较，同时也检验了其收敛性。SBM 模型具有非径向和非角度的特点，因此许多学者在对能源环境效率进行评价过程中都对其进行了广泛应用（潘丹等，2013；涂正革 等，2011；徐建中 等，2019；陈晓红 等，2017；李根 等，2019）。

DEA 方法测度的是相对当前最佳生产前沿面的相对效率，因此不能直接用于跨时期的效率比较。对此，许多研究者们以 DEA 方法作为根据给出 Malmquist 指数方法以此来对决策单元的生产率进行测算，同时进一步把 Malmquist 指数分解转换为规模效率变动、技术效率变动以及技术进步，进而实现了动态层面效率变化情况的测度（王兆华 等，2015）。张志辉（2015）将生产效率分解为群组前沿效率和共同技术率，探讨区域间能源效率差异来源及其成因，发现生产技术水平的低下是制约全国能源效率提升的主要因素，而且相较于东部地区而言中西部能源效率非常低的影响因素之一也在于三个地区之间的技术水平之间的差距。杨骞等（2014）研究了技术进步对能源效率的直接影响与间接影响，主要是基于空间矩阵衡量技术进步对能源效率的空间溢出效应。王班班等（2014）将技术进步分为“体现型”和“非体现型”两类，分析了其对能源强度不同的影响路径与结果。Zhou 等（2019）发现排污权交易试点通过调整产业结构降低碳排放强度。相比之下，能源结构和能源强度通道尚未实现。

1.2.3.2　文献评述

国内外文献对环境规制与节能减排、技术进步与产业转型的研究较多，对于排污权交易制度，主要研究侧重在配额分配方式、交易机制等内容上，同时对于 SO_2、CO_2 排污权（排放权）交易制度的实施效果也有一部分研究。但是整体来说，还有以下不足：

（1）关于排污权交易对环境效率影响的理论研究中，目前大多数文献从供应链角度关注排污权交易机制下企业的产量与减排决策，部分文献关注了企业的技术创新与技术选择，不过基本上都是基于企业同质性的假设，然而大量研究表明，企业在生产率、创新行为等方面具有异质性，忽略这种异质性差异，将会给分析企业行为带来偏差。此外，影响区域环境效率的因素除了技术水平还有产业结构调整。排污权交易如何从技术升级和产业结构调整两条路径影响区域环境效率的理论机制还不清晰。

（2）大部分关于排污权交易试点的效果评估研究中，都以国家推行的排污权交易试点的时间为节点，比如2002年、2007年等，在此基础上进行统一的评估与分析。但是在实践过程中，地区差异、政策方案差异、实施力度差异等非常明显，尽管很多学者尽可能将地区特征如经济规模、人口结构、产业结构、市场化结构、FDI 等因素纳入分析框架中，但是无法区分政策差异导致的不同效果。因此在进行理论建模与双重差分估计时，需要充分考虑到不同地区的政策差异，从而使分析更加全面准确。

（3）对于区域环境效率测算，大多数传统的 DEA 属于径向和角度方法，没有考虑投入和产出的松弛问题，会造成测量结果的偏差，而且将 Malmquist 指数分解为技术效率变动、技术进步和规模效率变动。实际上一个地区环境效率的变化来源于两部分，一个是纯技术驱动的生产效率提升，通过技术的改变使企业以尽可能小的投入实现尽可能大的经济产出与尽可能小的污染排放；另一个是区域产业结构调整升级，传统产业已经无法通过技术提升来实现节能减排，只能退出或转型。因此需要新的效率分解方法，将环境效率分解为技术效率和结构效率。

1.3 研究内容与方法

本书聚焦我国排污权交易的实施情况、产生的效果及存在的问题，遵循“现状分析—理论构建—实证检验—对策建议”的逻辑思路，采用文献分析法、微观建模、DEA以及计量分析法等方法，开展我国排污权交易制度对区域环境效率影响的理论与实证研究。首先，本书通过梳理国内外关于排污权交易的研究，包括排污权交易的制度设计研究、排污权交易制度环境效果研究、排污权交易制度技术创新效应研究以及环境效率评价和分解研究，为本书的研究奠定基础；其次，从排污权交易制度理论基础与实践入手，归纳总结国内外排污权交易制度的发展实践；再次，构建排污权交易制度影响环境效率的微观理论模型，深入分析排污权交易的不同模式影响区域环境效率的路径；又次，深入分析我国区域环境效率的时空变化趋势与技术进步和结构调整因素探究，然后利用多期DID对其实施效果进行实证分析研究，实证检验不同排污权交易模式对污染减排和经济发展的双重影响；最后，根据以上研究，结合湖南省排污权交易试点实践，总结湖南省排污权交易制度存在的问题，并提出完善建议。

本书共分为8章，具体内容如下：

第1章，绪论。主要包括研究背景及研究意义、国内外文献综述、研究内容和方法以及研究特点和可能的创新点。

第2章，排污权交易的理论基础与国内外实践。深入分析科斯定理与产权理论在排污权交易中的指导作用，阐述排污权交易的运行机理，包括配额分配、交易机制、定价机制等关键内容的理论分析。系统梳理国外与我国排污权交易制度建设的历程，对比分析，总结经验与不足。

第3章，环境规制下企业迁移行为的演化机理分析。在区域绿色发展问题中府际间污染治理中存在利益冲突而导致的污染转移问题，基于有限理性假设，充分考虑地方政府和企业发展的异质性，对考虑企业合规行为时府际关系的演化逻辑展开研究，同时对现有“腾笼换鸟”“凤凰涅槃”两种绿色转型合作模式进行延伸分析。

第4章，环境规制下企业技术创新行为的微观机理分析。基于企业生产函数，考虑排污权交易模式区域差异化以及政策实施力度区域差异化行为机制，构建排污权交易制度下的企业技术选择模型，分析不同排污权交易模式和政策实施力度对企业技术选择与排污权交易行为的影响，并将从纯技术进步和结构调整两部分检验排污权交易制度对环境效率的影响路径。

第5章，我国区域环境效率及其技术与结构因素分解研究。考虑到径向DEA 没有考虑投入和产出的松弛问题会造成测量结果的偏差，构建非径向非角度的四阶段 SBM-DEA 模型，并将环境技术进步分解为纯技术效率和结构效率两部分，并对我国区域环境效率的时空分布特征及空间关联性进行分析，总结我国区域环境效率的时空变化规律。

第6章，基于空间 DID 的排污交易制度对环境效率影响的实证分析。考虑到我国排污权交易制度在不同地区的实施时间存在差异以及环境效率的空间相关性，构建考虑不同时点的空间多期双重差分（DID）分析框架，从实证上分析不同排污权交易模式与政策实施力度对环境效率的影响，并检验技术进步与结构调整两条路径影响的差异程度。

第7章，排污权交易制度优化的对策建议——以湖南省排污权交易试点为例。进一步以湖南省排污权交易实践为例，探讨排污权交易制度在实施过程中存在的问题，并提出相应的改进意见。

第8章，研究结论与展望。对本书所做的工作进行总结，探讨本研究存在的研究局限，并提出未来的研究展望。

章节之间的主要逻辑关系为：第1~3章是文献梳理，理论基础和演进机理分析，是较为宏观的方面。第4章是排污权交易制度影响环境效率的微观理论模型，是本书主要工作的理论基础。第5章和第6章是本书主要的实证检验工作，第5章为第6章的空间DID回归框架提供环境效率的测度和分解基础，二者是递进关系。第7章是重点区域或案例的深度剖析以及对策建议。

1.4 创新点

本书紧扣“绿水青山就是金山银山”这一科学论断，结合我国各地开展排污权交易试点的实际，一方面从企业减排技术投资与生产经营的角度，分析排污权交易制度企业的行为决策过程，从而探讨排污权交易制度影响环境效率的微观机理；另一方面以全国275个地级及以上城市为对象，实证检验排污权交易制度对区域环境效率的影响路径。本书在研究视角和研究方法上具备一些创新特征：

（1）建立了基于企业异质性竞争与政府互动的博弈模型，从企业减排技术投资与生产经营的角度，分析排污权交易制度企业的行为决策过程，从而探讨排污权交易制度影响环境效率的微观机理。研究了单一技术选择和连续技术投资两种情形下的企业减排技术选择与产量决策，并建立了政府确定最优污染排放配额所需满足的条件。在异质性企业视角下，分析排污权交易制度从影响单个企业行为到整个市场结构与环境效率变化的过程，为研究排污权交易制度对环境效率影响提供微观理论基础。

（2）提出了非期望产出的四阶段SBM-DEA方法。该方法避免了传统DEA模型中投入和产出松弛性的问题，还能根据松弛量确定效率的改善方向，并且有助于剔除外部环境和随机因素对效率评价结果的影响，测算得到的结果真实反映了决策单元的内部管理水平；有助于从投入和产出角度全方位分析外部环境因素对效率测算的影响情况，帮助我们更好地理解外部环境对效率水平的作用机理；还可以对决策单元的综合效率值进一步分解为技术效率和结构效率，为深入分析决策单元的环境效率结构提供基础。

（3）从企业技术提升和产业结构升级两方面系统分析了我国环境效率的分布特征，测算了2003年到2018年中国275个地级及以上城市的综合环境效率、技术效率和结构效率，总结了我国区域综合环境效率的时空分布特征，基于技术效率和结构效率，对我国城市进行“有效型”“双高型”“高低型”“低高型”和“双低型”5类划分。

（4）构建了评估排污权交易制度效果的空间 DID 分析框架，一方面考虑环境效率空间自相关对回归结果的影响，另一方面考虑到我国各地区排污权交易制度实施时间的差异，将多期双重差分纳入分析框架，使得估计的排污权交易制度实施效果更加科学准确。基于该分析框架实证，在城市层面检验了我国排污权交易制度对环境效率的影响程度、动态效应和影响路径。

第2章　环境规制理论基础与国内外实践

绿色高质量发展的核心在于环境保护与经济社会的协同发展，以最有效率的方式推动污染减排。污染排放具有外部性，环境经济学以及新制度经济学中的新古典资源配置理论、外部性理论与波特假说等理论为解决这一问题提供了思路。在梳理相关环境经济学理论的背景下，本章首先着重于排污权交易的理论基础与其作用机理分析，随后从国际和国内两个角度整理分析了排污权交易制度的实践。

2.1　环境经济学相关理论

2.1.1　新古典资源配置理论

新古典经济学的核心问题是如何能够更加科学有效地配置稀缺资源。众所周知，资源是有限的，但是我们的需求在不断增长与扩张，所以，如果想要以有限的资源与人类无限的需求相匹配，就必须实现资源的优化配置，最大化地利用资源。已有学者将边际效用理论以及一般均衡理论运用到新古典经济学当中，并且很好地解决了资源与需求不匹配的问题，实现了让市场机制自由运作，从而可以达到资源的科学优化配置和个人需求最大满足的目标。瓦尔拉斯以及阿罗与德布鲁等人在其研究过程中更加精准明确地将这一理论形式化，总结出了福利经济学第一定理和第二定理。福利经济学第一定理认为，由竞争性市场均衡所决定的资源配置是帕累托有效的前提为效用函数严格递增。第二个定理指出，通过公平竞争的方式可以实现所有资源的帕累托最优配置。不过这两个理论只有在非常严格的假设条件下才成立，对现实世界的解释稍显不足。

首先，新古典经济学的基本假设是市场是完备的，这是一个非常严格的假设，尤其在考虑跨期选择和不确定选择的问题时，现实世界很难满足这一条件。例如，对于不可再生资源市场，完备市场假设不仅需要一个完备发达的市场，而且还需要一个完备发达的期货市场。由于市场存在不确定性，并且市场的交易信息往往是不对称的，人类的有限理性决定其不可能全面掌握市场的信息，因此很难做出完全理性的决策，此时新古典经济学中完全通过竞争实现资源最优配置的想法很难实现。

再者，新古典经济学假定市场上的所有消费品都是个人的私有物品，而非公共物品。而现实中的空气质量、公共设施等公共物品不具有私人物品的竞争性和排他性特征。此外，还存在一种中间状况，介于私人物品与纯粹公共物品之间。例如软件著作权、专著以及专利等知识产权，这类物品没有竞争性但是却具备排他性特征，一种专利技术，可以以付费的方式提供给相关需求公司使用，而且可以同时提供给不同的公司。

另外，新古典经济学又对消费和生产进行了假设，假定它们不具备外部化的特征。换言之，消费者效用的水平仅仅是根据个人所消费的商品以及服务的数量而进行判定的，而生产者所获得的利润多少仅仅只是由自身所设定的生产计划来进行判定，在这一基础之上，他人的行为均不会对消费者以及生产者的利益产生影响。但是在实际的生产生活中，经济主体之间的相互影响是不可避免的，因此，也就会对其效用水平以及利润水平产生影响。也就是说，在这种情形之下市场资源配置的效率很难得到保证。

尽管新古典经济学的假设存在上述缺点，但我们不能否认它们的理论价值。大多数经济学家认为，仍然存在有效的分析框架和参考框架来分析实际的经济问题。

市场机制属于一种“看不见的手”，无法对环境资源进行科学合理有效的配置，因此，在实际使用过程当中，人们更多想到的是政府这一“看得见的手”在环境资源的优化配置过程当中所起到的作用。在这方面，经济学家庇古认为，自由市场经济并非总是有效的，当市场失灵时，就需要发挥政府的干预功能。1920年出版的《福利经济学》当中，庇古对自然资源的耗竭、资源的跨期配置以及这一过程当中可能会产生的风险以及不确定性进行了探讨。为了更好地保护环境质量、科学合理地利用稀缺资源并限制过度消费，庇古提出了三项政策措施：政府补贴、税收和立法。特别是，庇古税作为一种针对环境污染的征税手段，已成为许多国家治理环境污染的有效政策工具。

在环境经济学当中，新古典资源配置理论是非常重要的基础理论，后续大多数环境经济理论中都能找到新古典资源配置理论的影子。新古典经济学提出，所谓的价值是指当人们钟情于某一商品并且想要拥有这一商品时以另一个商品来进行交换的意愿，由此可以看出，人们的喜好会影响商品的价值。另一方面，人们拥有此类商品的数量也会对商品价值产生影响。当人们拥有某种商品的数量越多时，其价值就会随着拥有数量变得越来越少。人们想要获得的商品是通过放弃其他商品而获得的，而用以交换的商品数量是单个或者多个，这就形成我们所说的商品价格。价格由供求双方决定，一方面可以体现出商品"边际供给者"的成本，另一方面又体现出商品对"边际购买者"的价值。这一理论所体现出来的是商品价值与价格二者的差异，商品价格往往只是体现出"边际购买者"的负值。对于"边际购买者"，商品价格等同于商品价值；而从"非边际购买者"的角度来看，他们所购买的商品价值远大于其实际支付的价格，二者的差额也就是我们所说的单位商品的消费者剩余。

环境质量等公共物品属于非自然市场对象，由于没有市场和市场价格，这类对象的价值在现实生活中很难对其进行估算。从新古典经济学的消费者剩余概念出发，环境经济学家们提出了一种"或有估价法"或"意愿估价法"（Contingent Valuation Method）来对环境资源进行评估。通过这种方法，可以用"支付意愿"或"受偿意愿"这两类指标来对环境资源的价值进行一个量化评估。支付意愿指的是在目前既定的福利水平之下，消费者为改善环境质量愿意支付的最大货币。受偿意愿是指消费者愿意以承担最低货币补偿的方式来弥补消费所带来的环境质量的某种恶化。

无论是“支付意愿”还是“受偿意愿”，基于商品价值的概念，在实际意义上都是指人们对环境商品价值或效用的评估。换句话说，“支付意愿”或“受偿意愿”是消费者在改善环境质量（或恶化）中获得（或损失）的剩余价值的度量。在此理论框架的基础上，经济学家提出了一系列的诸如生产率变动法、旅行费用法以及资产价值法等特定方法，以此来对环境和自然资源价值进行评估。例如，生产率变动法使用环境类型变化前后的某项经济活动生产率之间的差来测量环境类型变化的值。因此，环境资源评估的理论框架和具体的评估方法，都与新古典经济学中的资源配置理论有关。

2.1.2 污染排放与外部性

公共物品的所有权是否明晰会直接影响资源的分配和使用。污染物具有公共物品属性，对它的分配得当与否将直接影响绿色高质量发展进程的推进。从环境角度出发，外部环境纳污总量及自然资源是污染物公共物品属性的集中体现。除此之外，外部性也是污染物排放具有的重要特征。通常来说，个人的行为后果是由个人承担，但在经济生活中，当某种行为具有外部性后，从事经济活动的主体并不需要对其在活动过程中产生的成本或后果完全负责。

根据对于外部环境的影响，污染减排的外部性可以分为正外部性（positive externality）和负外部性（negative externality）。如果外在规则或监管缺失，无法对排放者的行为进行有效的约束，那么排放者即使有过量排放的行为也无须为之负责，此时就表现为负外部性，而直接的后果就是持续的过度排放。与之相对，正外部性就是当排放者在尝试节能减排之后，这种行为带来的影响对于个人乃至社会都有益处。值得深思的是，在排污领域，正外部性所对应的奖惩机制不明，导致减排者并没有足够的动力坚持节能减排。

假设在河的上游存在一家造纸厂。该厂在生产纸张的同时，还会往河流中排放废水。因此，河水资源被免费用作于造纸的投入。现在，假设该企业所处的市场是一种完全自由竞争的状态，而且，所生产的产品市场均衡价格不受该企业生产该产品的总数的影响，那么造纸商的边际私人费用（MPC）就表示为所占额外资源的成本，是由多生产一单位的产品组成。显然，造纸厂的真实总边际成本（MTC）不仅包括生产商的边际私人费用（MPC），还包括社会污水处理的成本，即边际外部费用（MEC）。如图2-1所示，MTC 曲线高于 MPC 曲线，其差额是边际外部费用（MEC）。换句话说，MPC 曲线和 MTC 曲线之间在每个已知数量水平的垂直距离是单位产品输出的边际外部费用（MEC）。厂商的供给曲线 $S = MPC$，S 和需求曲线 D 在点 B 相交。在这一点上，造纸厂产量为 Q_2，价格为 P_1，低于 MTC 曲线上的点 A，即生产时厂商成本是 Q_2，价格是 P_1，也就是说，当私人边际费用 $MPC = P_1$ 时，外部费用（线段长度 BC）由社会承担，而价格 P_1 不反映外部费用（线段长度 BC）。最优社会产出 Q_1 由 D 与 MSC 之间的交点 B 决定，其产出 Q_1 小于 Q_2，其对应的价格 P_2 大于 P_1，此时外部性导致过度生产，偏低的价格转嫁了外部费用，从而给社会带来了损失。在图2-1中，△ ABC 面积是由于存在外部性而导致的效率损失。

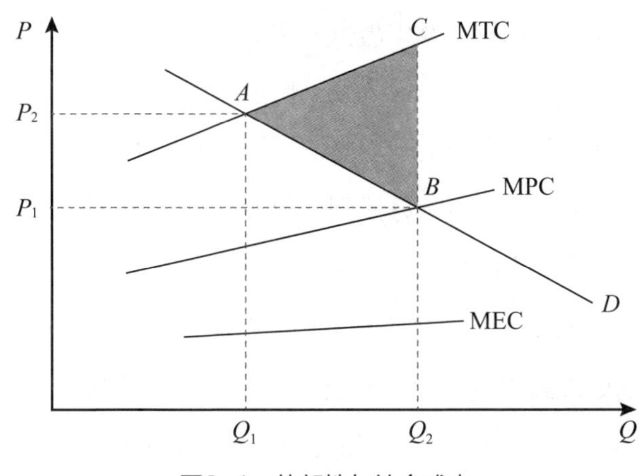

图2-1　外部性与社会成本

2.1.3　环境规制与波特假说

为了解决污染排放的外部性问题，环境规制作为一种约束生产者行为的政策工具得到广泛的研究与实践。“命令－控制型工具”以及“市场化工具”是环境监管当中最为常用的两类工具。命令－控制型工具包括环境标准、不可交易的排放许可证以及排放目标等工具。市场化工具包括税收、费用、可交易许可证以及不可交易的排放许可证等。一些经济学家也将环境政策分为三类：利用市场型、创建市场型和环境管制型。

利用市场型政策工具包括环境税、排污税、资源税等，使用者收费以及押金－退款制度也是该工具的一种，以污染排放为基础所征收的污染税或者是污染费是最为普遍的。外部效应内部化的一种途径是对污染者按每单位的排放征收污染税或者收费。庇古的研究指出，最佳的污染税征收效果应该是污染的边际税率与污染的边际损害相等。如果可以通过货币价值准确计量污染排放并合理地衡量外部损害，那么最为可行以及有效的方法就是征收污染税或污染费。污染税也被认为是一种价格型的政策工具，源于它实际上是支付了一定金额用于弥补使用环境资源所带来的损耗。

从根源上来看，征收一定的污染排放税实际是一种经济激励手段，因为它可以鼓励企业在生产过程中减少污染或者是研发使用清洁技术。如果污染减排非常困难或成本很高，则某些投入或产出可能需要缴税，尤其是在投入、产出与污染排放紧密相关的情况之下。当消减污染的技术含量不足，或者当这些技术很昂贵时，更为实际有效的办法则是收取一定的产出税或者是投入税，因为生产成本的增加会导致减少生产从而一定程度上控制污染，而且政府通过征收污染税一定程度上可以降低其监管费用，甚至可以以污染税来抵消监管费。某些固体废物的处理或者处置时常常会使用押金－退款制度，比如报废汽车、处理饮料罐等。当企业或个人产生特定的废物时，政府对其收取相应的税费或者处置费；在适当处置废弃物后，政府将退还部分税款或提供适当的补贴。由此可见，押金－退款制度实际是一种政策性工具，将税收和补贴相结合来控制污染。

创建市场型政策工具主要是用于对环境资源进行界定，以此来进一步明确产权机制。如上文所述，科斯定理表明在环境和自然资源得到充分利用的条件下，可以通过对产权进行界定的方式来解决“公地悲剧”以及环境污染等问题。加拿大经济学家戴尔斯（Dales，1968）在1968年提议建立“排污权市场”。其基本理念是政府可以对污染排放总量进行把控，在这一基础之上将“污染许可证”分配或者出售给相关企业，同时在市场上允许污染许可证交易。假设此类交易有利于交易双方，那么市场将有效地运作并使污染消减成本降到最低。

部分国家（尤其是在美国）已经广泛应用可交易的许可证制度。例如，自1990年以来，美国中西部地区为了限制火力发电厂 SO_2 的排放，就已经采用了排污许可制度；而自1994年以来，洛杉矶为了限制空气中的 NO_x 和 SO_2 排放也一直使用该制度。20世纪90年代中期以来，我国也逐步向中小城市推行交易许可制度以此来限制 SO_2 的排放。尤为引人瞩目的是，在国际范围当中也可以使用排污权交易制度。例如，为了调节全球气候变暖而控制温室气体的排放，《京都议定书》中提出清洁发展机制，这是排污权交易在国际范围内应用的典型案例。

环境管制型政策工具也叫“命令 - 控制”型政策，主要包括技术标准、环境标准、禁令以及不可交易的许可证。以这些政策作为依据，国家再根据实际情况制定、发布以及实施一系列相关的规章制度，从排放标准、技术标准以及共同遵守的排放目标等方面对污染者进行限定。环境规制是否能够引发创新，从而提高企业以及国家的竞争力，向来是创新领域的研究焦点和热点。经济学家、政策制定者和企业高管历来认为，从企业成本角度来看，环境规制在某种程度上加重了企业的成本负担，这将不利于其竞争力的发展。他们认为环境规制的确有利于保护环境以及人类健康，但是会在一定程度上分散企业资源，使其牺牲部分劳动以及资金去减少污染，这对于企业来说是无利可图的。相对于上述关于环境规制成本论的观点，另外一些学者提出了不同的看法，最为典型的是哈佛大学商学院波特及其合伙人范德林德。他们在1995年的案例分析中提出“波特假说”，即笼统地说环境规制不利于企业发展是不正确的，在基于市场的基础之上所设定的严格且恰当的环境机制是有利于刺激企业创新的，这类创新在某种程度上可以让企业忽略因遵守规定带来的额外成本，进而提升国企业的国际竞争力（Porter et al.，1995）。“波特假说”对环境保护与经济发展之间的关系开拓了新的视野。

环境规制与企业创新二者之间的关系成为当前主流工商业以及政策研究者们关注的焦点。通过一系列的理论探讨和实际案例分析，波特首次提出环境保护与企业竞争力之间是可以实现“双赢”（win-win）的，并且对此进行了系统的阐述。精心设计的环境规制为什么可以带来最高的“双赢”结果，Porter等（1995）对此进行了五个方面的论述：①从意识层面来看，环境规制使企业进一步认识到高效利用资源的重要性，并且能够给技术改进提供一定的指导；②企业的环境保护意识可通过环境规制的发展而提升；③稳定规则可以为企业投资安全提供保障；④规则的建立为企业提供合法的竞争环境，驱动企业不断进步；⑤传统的竞争环境可以随着环境规制的改变而改变。换句话说，环境规制可以确保公司不必依靠规避环境投资来获得竞争优势。如图2-2所示，波特假说可以区分为三类，即弱“波特假说”、强“波特假说”以及狭义“波特假说”。严格而且精心设计的环境规制有利于刺激企业创新，但是假设无法辨别此类创新对于公司而言是利还是弊，就将这类称为弱“波特假说”。强“波特假说”指的是在一定范围内，企业所增加的成本可以与环境规制收益相抵。狭义的“波特假说”认为灵活的监管政策，比传统形式的监管更有能力并且更有效地刺激公司创新。

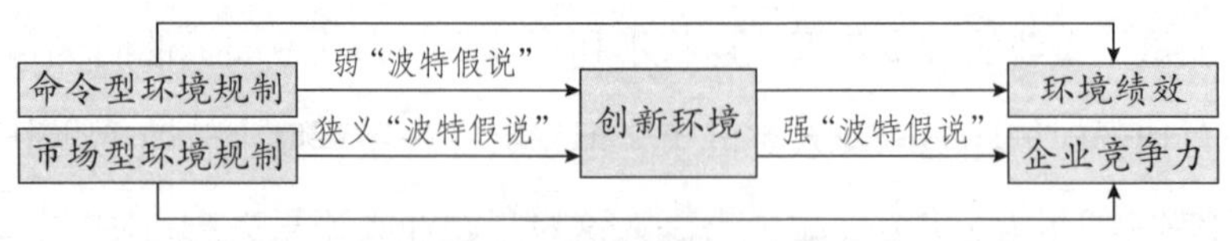

图2-2 环境规制波特假说

2.2 排污权交易理论

2.2.1 科斯定理与产权理论

公共产品的负外部性会损害整体的社会福利，福利经济学提出通过征收庇古税，对损害者进行惩罚与约束，以此降低负外部性行为。该做法得到许多国家或政府部门的采纳，然而罗纳德·科斯对此提出了质疑。因为在对损害者进行行为约束的同时也会对其本身造成一定的影响，这种影响有可能是负面的。为了保证双方的利益，要从二者角度同时出发，以实现社会总收益最大化为目标，降低外部性带来的影响（Coase，1960）。

基于社会总收益最大化的出发点，科斯的理论被斯蒂格勒总结为科斯三定理，具体如下表2-1。

表2-1 科斯定理基本内容

科斯定理	限制条件	影响
科斯第一定理	交易费用为零+初始产权不限	自由交易能够实现社会总产值的最大化
科斯第二定理	交易费用为正+产权界定清晰	产权的界定会影响到资源的配置效率；产权调整当且仅当社会总产值的增长值大于交易成本时才能发生
科斯第三定理	——	产权的确定有利于降低交易成本

科斯定理的实质是，当交易费用不为0时，产权的界定对资源配置的效率和社会经济绩效具有重大影响。由于外部性对于市场交易具有某种负面影响，为降低这种影响，我们可以将外部性转变属性。只要能够满足产权明确和交易费用很低两个条件，交易者就可以实现自由交易，且不需要外力的调节或干涉。

产权及交易成本理论是分析排污权交易的基础。产权在整个交易过程中的功能主要有四个，分别是激励功能、约束功能、转化功能和分配功能。其中转化功能是指将外部性转化成内部属性，分配功能是指在产权明晰的前提下进行产权交易实现资源分配。产权理论和科斯定理为解决环境污染等外部性问题提供了新的思路。在排放总量一定的前提下，政府以分配者的身份向不同的排放主体分配相应的排放配额，配额具有商品属性，可以进行交易，各排放主体根据自身需求进行自由交易，政府不进行过多的干涉，以此达到最高的利用效率。

2.2.2 排污权交易机制体系及其作用机理

和普通商品交易不同的是，排污权在进行交易前还需要对其总量进行控制，之后再进行分配和交易。

2.2.2.1 总量控制与最佳排放量

排污权交易的前提是总量控制。没有总量的控制，排污交易就无法进行，而总量也不是越多越好或者越少越好，需要找到一个平衡点，既能保护环境又能促进经济发展。根据科斯定理，实现社会边际收益（MCR）和社会边际成本（MSC）的相等是确定最佳排放量的标准。图2-3对这一过程在微观企业层面的实现进行了描述。

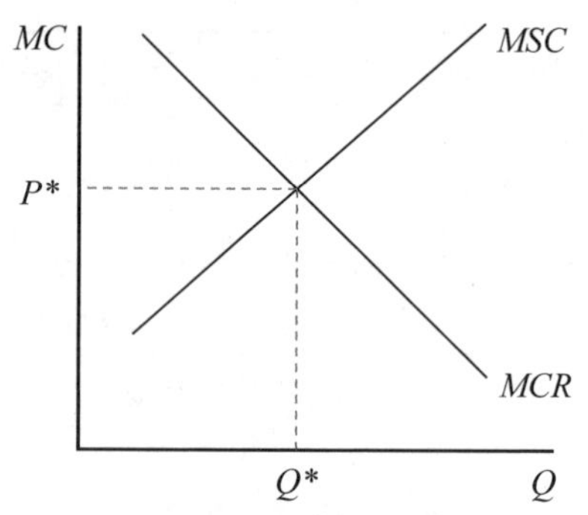

图2-3 排污权政策最优排放量的确定

如图2-3所示，假设 *MSC* 是由污染排放引起的边际社会成本，则 *MCR* 是减少排放的边际成本。实现减排的边际成本会随着污染排放量的增多而增高，其对社会的影响也越大，因此 *MSC* 曲线向右上方倾斜，*MCR* 曲线向右下方倾斜。按照科斯的分析，*MSC* 和 *MCR* 的交点 *Q** 即为企业的最佳排放量。

2.2.2.2 配额分配

配额分配的恰当与否直接关系到整个排污市场的发展。根据分配的形式和数额不同，可以分为无偿分配、有偿分配和混合分配。不同的分配方式会有不同的影响，主要的影响对象有减排主体、减排成本和减排市场。对于减排主体来说，配额多少会直接影响到正常生产活动；减排成本则是综合减排目标和配额数量得出的，且成本最好不能对市场竞争产生大的负面影响；针对减排市场来说，主要考虑排放权资源稀缺性特点，旨在最大限度做到科学、合理的资源配置，从而保证排放市场的有效性。不同配额制度的比较如表2-2。

表2-2　不同配额分配方式的优缺点及其影响

配额分配方式	无偿分配	有偿分配		混合分配
		拍卖	固定价格	
基本特征	配额完全免费	企业通过竞价获取配额	企业以固定价格购入政府规定的初始配额	绝大部分配额通过免费分配，有一小部分比例的配额通过有偿方式出售
优点	易操作	符合污染者付费原则，且能实现减排资源的最佳配置	循序渐进地对配额进行定价，有利于价格信号逐步形成	结合了拍卖和免费分配的优点，可以根据实际情况灵活调整比例，更好地适应不同阶段的需求。既可以通过拍卖部分配额来筹集资金并提供价格信号，又可以通过免费分配部分配额来减轻特定行业的短期压力。为企业提供了一个从完全免费到完全市场化之间的过渡期，有助于平稳实施 ETS
不足	容易造成超额排放，影响到排污权交易价格的信号作用	对于那些难以立即减少排放的企业来说，初期可能面临较高的财务负担。如果市场缺乏足够的流动性或者存在投机行为，可	没有明确的价格信号来引导企业进行减排投资，可能会削弱减排的积极性。由于不考虑企业的实际减排能力和意愿，可能导致配额分配不够合理，	相比单一模式，混合模式在设计和管理上更加复杂，需要仔细规划以避免产生新的问题。如何确定合理的拍卖与免费分配比例，以及如何公平有效地实施这一比例，都是挑战。频繁调整分配比例可能会影响

表2-2（续）

配额分配方式	无偿分配	有偿分配		混合分配
		拍卖	固定价格	
		（接上）能导致配额价格大幅波动，增加企业的不确定性	（接上）造成资源浪费。可能存在利益集团游说导致的不公平分配问题，使得一些并不真正需要配额的企业也能获得大量配额	（接上）市场的预期，增加企业的不确定性和风险
对减排主体的影响	易被企业接受	增加企业的污染成本，在短期对能源消耗量大的企业造成冲击		小比例的拍卖额度更容易被市场接受
对市场公平性的影响	对新进入市场主体不利；对早期进行技术减排的主体不利	对各个排放主体一视同仁，公平性更容易体现		兼顾不同企业需求，防止资源集中
减排成本	无明显影响	能实现总减排成本的最小化，同时也给单个排放主体增加生产成本		降低成本负担，促进低成本减排

2.2.2.3 排污权交易

首先要明确排污总量，这样才能对排放主体进行配额分配。作为排污主体的企业会从企业发展的角度出发，比较自身减排成本与排污权交易价格二者的盈亏，并以此来决策是否参与到此类排污权交易当中来。交易原理如图2-4所示。

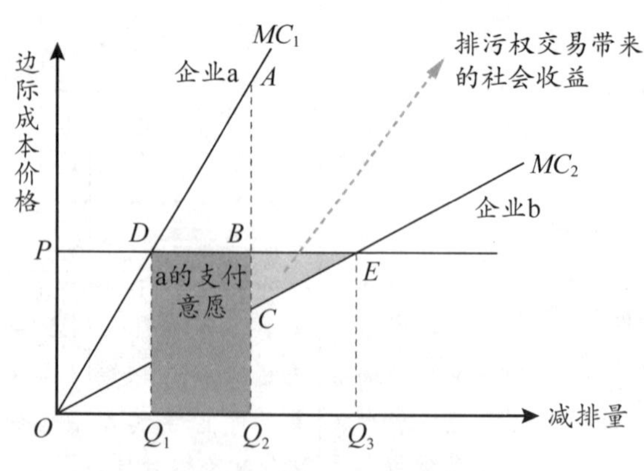

图2-4 排污权交易的作用原理

假定存在两个生产厂商：企业 a 和企业 b。其中，企业 a 的边际减排成本（MC_1），企业 b 的边际减排成本（MC_2）。$MC_1 > MC_2$ 表示企业 a 的边际减排成本高于企业 b 边际减排成本（对于同一污染治理水平而言）。Q_2 表示企业 a 和企业 b 的减排量。表2-3可以体现出当存在或不存在排污权交易的情况下，企业 a 和企业 b 的减排费用与总的减排成本。

表2-3　排污权交易的作用效果

状态	企业 a		企业 b		总减排量	总成本
	减排量	费用	减排量	费用		
无排污权交易	Q_2	S_{AOQ2}	Q_2	S_{COQ2}	$2Q_2$	$S_{COQ2}+S_{AOQ2}$
有排污权交易	Q_1	S_{DOQ1}	$Q_2+Q_2-Q_1$	S_{EOQ3}	$2Q_2$	$S_{COQ2}+S_{AOQ2}-S_{BCE}$

从表2-3可以看出，在进行排污权交易时，企业 a 和企业 b 的减排总量没有变化，但是两家企业的减排总成本都降低了，这样也可以带来交易总成本的降低。如何理解减排总成本？我们可以把它看作排污权交易产生的效益，它不仅对于交易双方有益，对社会绿色发展也起到了助力。

2.3　排污权交易制度的实践

2.3.1　国外实践

2.3.1.1　美国排污权交易实践

排污权交易最早起源于美国，随后扩展到其他国家。从20世纪70年代中期开始，美国政府开始认识到排污权交易的作用，并力图通过试点实践的方式推行排污权交易的理念。最初美国政府选择在水污染和大气污染两个领域推行排污权交易，并取得了一定的效果，经过一段时间的市场发展，形成了两种较为成熟的交易模式，分别是总量控制型和削减信用型。

20世纪70年代中期至90年代初期是美国排污权交易实践的第一阶段，也称为实验期。“排污削减信用”是这一阶段排污权交易的主要对象。削减模式是指以法律等强制手段为依托让企业遵从法规，降低排放量，从而降低当前的削减排污量。削减过程中会产生部分差额，针对这一部分相关单位可以申请超量治理认证，在政府审核批准之后就可以成为排污削减信用。作为一种货币交易形式的排污削减信用模式一定程度上是整个排污权交易制度的核心，同时在其他相关政策之下也可以进行流通，如净额结算、储蓄、补偿以及泡泡政策。

1970—1990年，在排污权交易的基础之上，美国实施了《清洁空气法》。该法案的实施给企业的生产的确带来一定的压力，但也带来了相应的效益。根据相关部门的数据统计，在实施《清洁空气法》的20年间，企业因遵守法案付出的成本是6 890亿美金，但获得的直接效益高达22万亿美元，因保护空气带来的间接效益还未统计在内。美国因此积累了很多市场经验，包括尊重市场规律、完备的法律制度、多元化的许可证分配方式以及健全的监督管理体系等。

1990年美国国会通过《清洁空气法》修正案并实施“酸雨计划”，美国排污权交易实践正式进入第二阶段。在第二阶段当中，电力行业的 SO_2 成为交易的主要对象。截至目前来看，该阶段的排污权交易是最为完整的，整个阶段都制订了详细具体的实施计划并且有完备法律政策作为依据。酸雨计划的主要目标之一：1980—2010年，美国的 SO_2 排放量逐年递减1 000万吨。计划当中指出，控制电力行业 SO_2 排放总量以及在该行业实施排污权交易制度是目标实现的主要手段。

美国政府为了进一步实现污染控制的管理目标，设定一年的周期，将排污许可交易政策划分为四个部分来稳步进行，分别是明确试行单位、初始分配许可、再分配许可以及最终的审核调整许可。排污许可在整个交易中占据重要地位，其中初始许可有奖励、无偿和拍卖三种形式。为保证市场的正常运作，政府通常会把无偿分配作为主要手段。另一方面，考虑到新的排放源也需要排放许可证，美国环保部门在初始年度的许可总量当中预留出一定的许可证，以此当作拍卖的一种许可证储备。在奖励方面主要是针对企业的相关减排行为，目前已经建立了两个专门的许可储备。

美国的排污权交易不仅在实施 SO_2 排污交易政策之后达到顶峰，更进一步取得了积极而显著的效果：空气中 CO 浓度、SO_2 浓度20年间分别下降了58% 和53％；CO 排放量、SO_2 排放量在10年间分别下降了15% 和25%。

2.3.1.2　欧盟碳排放交易体系（EU-ETS）

欧盟碳排放交易体系（EU-ETS）是世界上第一个也是迄今为止最大的用于减少温室气体（GHG）排放的“总量管制和交易”系统。该系统旨在通过“以成本效益和经济效益高的方式促进减排”，帮助欧盟实现其近期和长期减排目标。欧盟排放交易机制的主要特点是总量控制上限（最高限额）和欧盟排放配额的交易。总量控制上限保证总排放量保持在预先规定的水平（在总量控制上限适用的时期内，不会超过该水平）。覆盖设施必须提交一年内排放的每吨 CO_2 当量（CO_2 当量）的 EUA。EU-ETS 控制着欧盟温室气体排放企业的约40%，包括31个国家的11 000多家电站、工业企业（如电力和热力生产、水泥生产、钢铁生产和炼油）以及航空公司。

2017—2018年，EU-ETS 排放的 CO_2 总量下降了4.1%。从较长时期来看，2005—2018年，EU-ETS 排放的 CO_2 总量下降了29% 左右（如图2-5）。

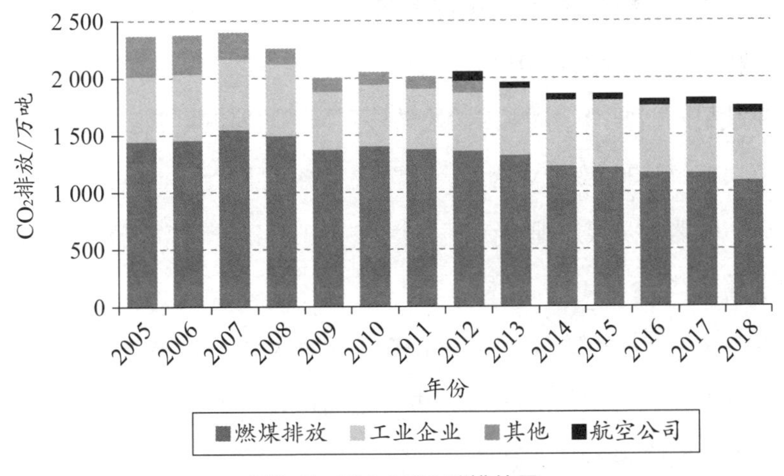

图2-5　EU-ETS 碳排放量

从2005年正式运行到现在，EU-ETS 先后经历了三个阶段（2005—2007年、2008—2012年、2013—2020年）。EU-ETS 的第一阶段是测试该系统的试验阶段。

各成员国可以通过制定国家分配计划，决定欧盟总体的排放配额总量，并具体分配给各自领土内的每一个设施。几乎所有欧盟成员国的碳排放额都是免费分配的，而且都是基于所谓的“祖父制”的历史排放量。在这一阶段，发电和供热设施以及钢铁、水泥和炼油等能源密集型工业部门的 CO_2 排放得到了保障。对超排的公司处以每吨 CO_2 排放量40欧元的罚款。不过，第一阶段因为碳配额分配过于充分，2007年的配额价格一度跌至0欧元。

由于第二阶段与《京都议定书》第一个承诺期同时进行，欧盟实施了更严格的排放上限，与2005年相比，排放总量减少了6.5%。高达10% 的配额可以由会员国拍卖，而不是免费分配。对超排的处罚提高到每吨 $CO_2$100欧元。企业被允许使用《京都议定书》清洁发展机制（CDM）和联合执行机制（JI）的信贷，从而在市场上获得总计14亿吨 CO_2 当量信贷。此举旨在为企业提供具有成本效益的减排方案，并使欧盟 ETS 成为国际碳市场的主要驱动力。然而，额外的信贷和2008年的经济危机减少了欧盟公司的排放，导致碳配额的大量盈余，交易价格从每吨30欧元下降到不到7欧元。

第三阶段主要的分配方式由过去的祖父制改为以拍卖为主，并保留了一些基于基准的自由分配。2013年，超过40% 的核定排放配额被拍卖。此阶段的主要挑战是欧盟要消化从第二阶段转移到第三阶段的巨额碳配额盈余，导致交易价格只有每吨3~7欧元。因此，欧盟决定将9亿欧元的拍卖推迟到交易期结束。此外，欧盟委员会还提议在下一个交易期内实施一项市场稳定储备，以期平衡供求关系。

EU-ETS 计划从2021年1月1日到2028年12月31日进行第四阶段，欧盟委员会打算在2026年前对欧盟 ETS 指令进行全面审查。第四阶段继续免费分配碳配额，以保障面临碳泄漏风险的工业部门的国际竞争力，同时确保免费分配的规则重点突出并反映技术进步。四个阶段的主要工作与目标如表2-4。

EU-ETS 经过长期运行检验测试之后，实现了合法化、标准化和流程化运作，从而有效地促进了欧盟内碳排放量的减少，并成为通过碳排放权交易在全球范围内推动减少碳排放的典范。

表2-4 ETS 各阶段基本特征

	阶段一（2005—2007年）	阶段二（2008—2012年）	阶段三（2013—2020年）	阶段四（2021—2028年）
交易内容	CO_2	CO_2	CO_2，N_2O，PFCs	
涵盖范围	欧盟成员国	2008年1月1日冰岛、挪威以及列支敦士登加入；2012年1月1日航空业纳入。	硝酸、己二酸、乙二醛、二羟酸生产商（N_2O交易）；铝业（PFCs交易）；克罗地亚加入。	积极寻求国际市场合作
产品种类	排放配额（EUAs）交易、核证减排量（CERs）交易			
交易单位	碳排放权单位（EUA）			
配额分配	95%以上配额免费分配	与第一阶段相比，总配额减少6.5%。	从2013年开始，欧盟总配额量逐年降低1.74%；至少40%配额通过拍卖获取。	总配额量逐年至少降低1.74%。

资料来源：EU-ETS官方网站相关数据。

2.3.2 中国实践

中国的排污权交易实践主要分为三个阶段。

（1）1987—2006年是第一阶段，也称为早期试点阶段，这一阶段的主要特征是排污权交易实践从无到有。国内首次试点开展排污权交易是在上海市闵行区，该地区在1987年首次采取以有偿转让的方式将水污染排放指标转让给企业。随着“两控区”区域方案的落地实行，国家环境部门逐步认识并越来越重视排污权交易的作用。1999年，中美“关于在我国运用市场机制减少二氧化硫排放的可行性研究”合作项目为进一步推广排污权交易应用奠定基础，双方就在中国实施排污权交易的可能性进行了详细的探讨。在此之后，电力行业的排污权交易试点工作逐步推进，浙江、江苏、山东以及山西率先开始试点研究。除此之外，我国也积极在其他领域进行排污权交易试点推广，比如水污染相关领域，但是相对来说成效甚微。相关试点探索如表2-5所示。

表2-5　中国排污交易早期试点阶段政策

颁布时间	试点范围	交易指标种类	政策创新之处
1987 年	上海市闵行区	水污染物（COD、Cu、Ni、Zn、酸洗废水）	开启了我国排污有偿转让的实践
1994 年	包头、开远等6个城市	大气污染物（氟化物、烟尘、SO_2、TSP）	我国第一批排污权交易试点城市
2001 年	江苏省南通市	SO_2	我国最早开展 SO_2 排污权交易的实践
2001 年	浙江省嘉兴市秀洲区	COD 等水污染物	我国真正意义上的排污权初始分配有偿使用和交易的试点
2002 年	山东、山西、江苏等 7 省市	SO_2	当时我国政府启动的最大规模的排污交易示范工作
2002 年	山西省太原市	SO_2	我国第一部关于 SO_2 排污权交易的行政规章

总体而言，早期试点阶段中国的排污权交易是从无到有的实践阶段，探索过程比较长，但是在长期的实践之后还是取得一定成效，部分排污权交易案例产生了全国性影响。虽然说取得了一定的成效，但是也凸显了一些问题。一方面，从环境管理角度出发，尽管此期间的环境管理方法已从终端源控制管理开始向源头控制管理发生变化，但尚未依法建立总量控制作为排污权交易的基础，排污权交易在管理中的作用仍然有限。另一方面，由于市场机制尚不完备，也没有专门的法律制度作为支撑，使得多数情况下的排污权交易主体是政府，主要靠政府进行“拉郎配”，没能建立真正意义上的排污权市场。

（2）2007—2011年是第二阶段，称为市场建设阶段，这一阶段的主要特征是，排污权交易的交易地点从简单的交易中心转移到环境产权交易所。2007年，国内首个排污权储备交易中心在浙江嘉兴落地建成，标志着中国开始重视排污权交易市场。自2008年，北京、上海和深圳相继成立碳交易所。国家从政策层面也逐步重视排污权交易。2010年国务院政府工作报告中提出排污权交易试点工作的范围要逐渐扩大，并推广至全国；到2011年，“十二五”规划提出要进一步推进排污权和碳排放权交易工作，以此来促进节能减排。在国家不断出台相关试点政策的情形之下，越来越多的省市开始推进排污权试点工作，深圳、广州、湖北、重庆、贵州、青海、山西、陕西、河北、长沙等省市成功建立了环境资源交易机构。在地方政策或法规层面，全国有18个省（自治区、直辖市）明确规定了试点工作，制定并发布了30多项文件，其中包含专门针对排污权有偿使用和交易政策制定发布的治理措施。在规范性文件层面提供了300多个试点地区有偿使用和排污权交易的申请计划、应用政策和相关技术文档，表2-6显示了相关试点地区有偿使用和排污交易的使用情况，同时还提到部分污染物的种类等。

总体而言，党的十七大之后，科学发展观的理念不断推进并得到贯彻落实，节能减排的相关工作也不断稳步向前。但是，部分地区受到技术能力不足等限制，导致排污权交易市场活跃度非常低，最终使得排污权交易范围以及交易总量都无法提升。

表2-6　排污交易市场建设阶段主要交易平台

挂牌时间	交易平台	交易产品种类	市场边界	创新之处
2007 年	嘉兴市排污权储备交易中心	SO_2、COD	嘉兴市	我国首个排污交易平台
2008 年	北京环境交易所	环境类股权资产、环境技术及设备、节能量、排污权	——	国内首家专业服务于环境权交易的市场平台
2009 年	浙江省排污权交易中心	COD、NH_3-N、SO_2、NO_x	11 个设区市的 60 个县、市、区 30 万千瓦以上燃煤发电企业	——
2009 年	湖北环境资源交易所	COD 和 SO_2 排放权	国家或省级环境保护行政主管部门负责审批环境影响评价文件的新建、改建、扩建项目	我国中部首个资源环境交易所
2010 年	陕西环境权交易所	COD、NH_3-N、SO_2、NO_x	改建、扩建项目和排污单位需要新增排污权指标的	在西北五省属于首创

（3）从2011年开始，排污权交易进入深化推进的第三阶段，这一阶段总体来说具备两大特点：一是中国地方 CO_2 排放权交易市场逐步建立。作为一种温室气体，CO_2 的控制已经得到全球各国的高度重视，我国也积极参与全球碳交易市场建设，“十二五”规划就明确提出了在我国逐步建立碳交易市场的要求。2011年，国家发展改革委发布在北京、天津、上海、重庆、广东、湖北等七个省市进行碳交易市场试点的通知，我国的碳市场进入快速发展的轨道。虽然每个试点地区的碳交易过程都不同，配额分配方法和原则也很独特，碳排放配额、碳价格和每个碳市场上交易量的管理所包含的行业范围和企业数量都大不相同。但这意味着中国将排放权指标扩大到包括温室气体在内的多种污染物范围，是中国排放权交易体系正在稳步改善的一个重要标志。

二是我国排放权交易的试点工作稳步推进。2014年国务院发布了《关于进一步推进排污权有偿使用和交易试点工作的指导意见》，在财政部、生态与环境部以及发展和改革委的积极推动和指导下，不同地区的试点工作取得了积极进展。

①试点范围不断扩大。就地域范围而言，目前全国有28个省（自治区、直辖市）开展了试点项目，其中包括经三部委正式批准的12个省和自行开展试点项目的16个省；选择火电、钢铁、水泥、造纸、印染等重点行业作为交易产业，浙江、重庆等地区延伸到整个产业；在污染因素方面，选择了将近一半的试点地区纳入“十二五”国家约束性总量指标，四种主要污染物（即 SO_2、NO_x、COD 和 NH_3-N）被用作交易污染因子，一些区域还根据当地的污染性质进行了扩大，例如山西和甘肃兰州增加了烟粉尘作为交易污染因子，湖南将重金属纳入了交易试点范围，广东顺德由于特殊的臭氧污染而将挥发性有机污染物（VOCs）列入了交易试点范围。

②有偿使用排污权和交易金额明显增加。截至2018年8月一级市场累计征收排污权有偿使用的费用为117.7亿元，二级市场累计交易额为72.3亿元。浙江、重庆、内蒙古和河南已完成所有新污染源的排污权有偿使用，浙江等一些地区

已逐步将排污权的有偿使用范围扩大到现有污染源。

③试点地区原则上都建立了排污权交易管理机构。浙江、内蒙古、河北、山西、重庆和湖南的六个省（自治区、直辖市）编委批准建立交易管理中心；江苏和陕西的环境保护厅设立了专门的交易管理机构；湖北开展交易管理是依托排污权交易所；河南和陕西成立了领先的排污权交易小组。大多数省份已经开发了交易管理平台和电子竞价平台，平台集成了数据审核、指标申购、交易管理、交易买卖和发布信息等功能。内蒙古还完成了一套综合管理系统的建立，该系统将交易综合管理、储备综合管理、电子竞拍、价格测算、现场核查作业以及水容量核算和其他多个排污权交易支持平台整合在一起。

④政策创新积极开展。试点省市在政治创新水平上进行了有效的努力，江苏、浙江、山西、河北、陕西等省进行了刷卡排污管理，浙江、湖南、重庆、河北、山西、内蒙古、陕西等省市推出排污权抵押贷款政策，河南和陕西实施了总量预算管理、总量控制指标前置等，湖北建立并完善了基于网格化的环境监督系统，湖南采取了特殊的环境保护措施，落实了排污权储备、实施了“以购代补”的污染控制模式下达污染治理资金，经过多次政策创新，重庆建立了排污交易审计体系。进入新时代，我国更加注重生态文明建设和高质量发展。在“绿水青山就是金山银山”理念的指导下，各试点省份不仅在技术层面进行创新，还在政策层面积极探索新的管理模式。例如，江苏、浙江、山西、河北、陕西等省推行刷卡排污管理，通过信息化手段实现对污染源的精准监控；浙江、湖南、重庆、河北、山西、内蒙古、陕西等省推出排污权抵押贷款政策，为企业提供绿色金融支持；河南和陕西实施总量预算管理和总量控制指标前置，确保减排目标的实现；湖北省建立了基于网格化的环境监督系统，提高了监管效率；湖南省通过排污权储备、“以购代补”的污染控制模式，有效利用财政资金支持污染治理。在新时代背景下，中国积极参与国际气候变化谈判和全球环境治理，与多个国家和地区就碳交易、减排技术和经验等方面展开合作。通过与其他国家分享经验和最佳实践，中国在全球气候行动中发挥了越来越重要的

作用，同时也促进了国内碳市场机制的完善与发展。

总体而言，排污权交易试点项目已取得阶段性成果，环境资源稀缺、有价理念也已经深入人心，污染物排放量的减少和排放指标交易的顺差产生了利润，它激发了企业引入新工艺和新技术来加强污染治理的力度控制，并且提高了企业的环境保护意识。但是，根据试点情况，仍然存在诸如排污权验证进展缓慢、无法监视环境监控以及行政审批难等问题，尚不足在全国范围内被推广。

2.3.3 国外排污权交易对我国的启示

尽管我国的早期试点已经取得了一定的成果，但交易的局部性、尝试性和交易的高昂行政费用给我国的排污权交易达成环境和经济目标造成了一些偏离。通过观察美国和欧盟实施排污权交易的实践，我国实行排污权交易时应考虑以下一些问题。

（1）加强立法，使排污权交易政策合法化。美国排污权交易的重要经验在于必须有强大的法律系统作为支撑。通过对比分析可见，我国的排污权交易法制仍不完善，因此，必须根据我国独特的立法和法律要求制定相关法律条款，为实施排污权交易奠定法律基础。

（2）加强对排污权交易基础问题的研究。从国外排污权交易的发展过程来看，排污权交易制度的初步理论研究和实践探索经历了长期的反复试验。我国正处于排污权交易的测试和探索阶段，必须在持续不断的广泛先前研究和试点工作基础的经验上总结出适合我国自身的排污交易权制度。

（3）排污权交易模式遵循合理性与灵活性相结合的原则。区域内的排污单位进行污染物排放交易时，可以根据其排污特征和规模，选择适用于小型交易或内部交易排污权，还是大型交易或外部交易排污许可。在一定程度上，排污信用交易模式可以作为总量控制中排污许可证交易的补充。

（4）减少直接的行政干预，完善市场机制。排污权交易的特点是依靠市场机制，通过市场手段自行解决政府较难解决的环境污染问题，来进行有效运作。因此，我们必须从根本上转变政府职能，提高有关部门的效率，以实现排污权交易的优势，减少必要的行政干预和完善排污权交易的市场机制，并在企业进行交易时提供良好的市场和环境。

2.4　本章小结

环境资源问题是社会经济发展过程中不可避免的问题，也是必须面对的挑战。我国从可持续发展的角度出发，力求建设绿色经济发展模式，以期为我国产业转型提供契机。本章首先进行了经济学理论的分析和结合。新古典经济学认为，允许市场机制自由运作可以实现有效的资源配置以及最大化个人利益，然而在现实生活中，主体行为通常会影响其他经济实体的消费或生产，从而影响使用或利润水平，此时就无法保证市场资源分配机制的效率。环境污染就是这种具有明显外部性特征的问题。在市场经济的发展过程中，经济发展和环境保护始终是绕不开的两个话题，一旦处理不当对双方都有不可逆转的损害。在既要金山银山又要绿水青山的发展理念下，我们要实现排污量的最小化和经济发展的最优化结合，环境税和排污权交易治理手段的提出，其核心思想都是想让政府在环境资源配置中发挥“看得见的手”的作用。

本章通过对环境经济学以及科斯定理的简要介绍，对排污权交易机制体系及其作用机理进行了详细分析。排污权交易的核心还是来源于资源的稀缺性理论，政府强制将企业的污染减排作为一种稀缺资源纳入排污权市场进行交易，它是通过与政府“看得见的手”建立市场排污权交易，并通过市场机制的“看不见的手”实现排污权的最优分配，从而将新古典经济学与新制度经济学相结合的典范。以设定总量的前提为每个排放主体配额，既可以控制污染，还可以为每个企业通过交易配额参与污染物排放节省一定的成本，并提供一定的经济激励。但是，如何保证排放主体在总额设定和配额分配过程中的公平仍然是一个需要解决的问题。

本章还对美国排污权交易和欧盟碳排放交易体系进行了重点介绍。美国是最早开展排污权交易实践的国家，美国的排污权交易不仅在实施 SO_2 排污交易政策之后达到顶峰，更进一步取得了积极而显著的效果：空气中 CO 浓度、SO_2 浓度从1978年到1998年分别下降了58% 和53％；CO 排放量、SO_2 排放量从1990年到2000年分别下降了15% 和25%。欧盟碳排放交易系统（EU-ETS）是全球最大的贸易市场，具有最大规模的、涵盖主体最多的强制性减排市场，参与主体包括31个国家和地区的11 000多个发电站、工业企业和航空公司。这些成功的国外经验为中国开展排污权交易制度实践提供了良好的借鉴。自1987年上海市闵行区实施有偿转让污染物排放权以来，历经30多年，目前大多数省、自治区、直辖市都建立了排污权交易的区域市场，但运作和结果千差万别。本书基于国内外排污权交易市场的实践，基于环境经济学和排污权理论，对排污权交易制度的微观机制和环境效率的影响进行了深入分析，并通过实证分析检验我国排污权交易制度的实施效果。

第3章 环境规制下企业迁移行为的演化机理分析

3.1 引 言

粗放型经济增长方式和区域发展不均衡是制约我国高质量发展的重要瓶颈。党的二十大报告指出要推动绿色发展，促进人与自然和谐共生，其中加快产业结构绿色转型必不可少。同时强调“着力推进区域协调发展，实施区域重大战略，使发达地区和欠发达地区、东中西部地区和东北地区优势互补、共同发展”。发达地区迫于经济转型压力和环境保护约束，通过制定、实行更为严格的环境规制或对减排企业加大经济补贴力度等绿色政策，走上“腾笼换鸟”或“凤凰涅槃”两种道路。对于发达地区来说，“腾笼换鸟”是通过腾退高污染用地的“老鸟”，实现地方空间、产业资源的再整合后吸引“新鸟筑巢”，改善经济、生态环境来实现更大的地方效益产出；“凤凰涅槃”则是通过激发“老鸟”转型合规释放新活力而使“老鸟”变成“新鸟”，但欠发达地区迫于地方经济发展压力，容易通过降低环境监管力度、加大对迁入企业经济补贴力度等方式招商引资走上“逐底竞争”的道路。不管哪种发展方式，从全国尺度上，总体表现为内源性的产业升级和外源性的跨区域产业转移与调整。从短期来看，污染密集型产业的转移，可以拉动中西部地区的经济发展，而且利于东部地区的产业结构优化升级。但是长期来看，高污染型企业不进行绿色技术升级而采取的区位迁移行为将造成全国范围内的污染转移，一些高污染、高能耗、高排放项目从沿海城市迁往中西部地区，严重破坏了迁入地的生态环境，与我国倡导的区域生态环境协同治理理念背道而驰，不利于国家经济的高质量可持续发展。另外，随着中央权力下放和市场化发展，府际合作也是绿色政策产生规模效应的关键一环。

雾霾治理问题上，需要增强区域内的空间关联，实现区域环境规制强度整体提升才能有效改善区域环境质量（初钊鹏 等，2019；史丹，马丽梅 等 2017）。目前，东部沿海等发达地区通过“腾笼换鸟”来进行产业结构优化升级（Li，2019），污染密集型企业从东部沿海地区向中西部环境规制强度较弱的地区迁移，Yue 指出产业转移对京津冀地区的城市低碳发展都具有促进作用（Yue et al.，2021），但部分地区为了保持经济绩效降低自身环境规制强度，出现了“逐低竞争”“污染避难所”“污染天堂”等不良现象（Yu et al.，2022），将不利于推动区域性的绿色发展。董琨等（2015）在对中国区域间是否存在“污染天堂”的研究中需要建立健全环境规制考评机制，减少地区间“搭便车”效应，傅强等（2016）在研究竞争导致环境规制失灵问题上利用2000—2013年省级单位面板数据发现地方政府竞争对欠发达地区的绿色政策影响更明显。王颖等（2020）基于对北京市实施“腾笼换鸟”的调查发现这种实现产业转型升级的路径能有效推动京津冀地区协同发展与合作共赢，推动府际合作是实现排污总量减少的关键途径（禄雪焕 等，2020）。由于地理位置、资源禀赋等异质性基础，各地方政府间存在多主体间的互动博弈关系，需要对这种府际关系进行梳理，才能有效推动区域内区域绿色协调发展。

从监管和竞争优势的视角来看，绿色政策的实施可以有效促进绿色技术创新（任胜钢 等，2019；陈晓红 等，2021；Ford et al. 2014）。但是，环境规制强度的增加对企业的直接影响体现在合规成本上升，过高的环境规制强度将会促使企业降低治污投入（潘峰 等，2015）。随着生产要素流动放开程度的提高，流动性强的污染产业技术创新积极性较低，更倾向于直接向管制宽松地区转移（Dou et al.，2019；Xin et al.，2022），可见政策环境的改变很大程度上会影响企业的区位选择（Long et al.，2020；Wang et al.，2021），Yang 等人研究发现区位迁移在绿色政策对技术创新的影响过程中发挥中介作用（2015）。

在绿色政策对产业转移影响的研究中发现，环境规制强度的增加对污染密集型产业的转移具有先抑制后促进的作用（Wang et al.,2019；Li et al.,2020）。可见，企业的迁移行为会反过来制约地方政府的绿色政策制定，由此呈现出多重动态的复杂博弈关系，其中企业行为与地方政府的互动关系有待进一步理清。

综上所述，在绿色发展问题上，对利益相关者互动机理和策略选择的研究大多从绿色政策、监管强度等机制设定角度出发，探讨如何推动区域绿色发展，却忽略了企业迁移的客观行为对地方政府政策制定所造成的互动影响。在对府际合作的研究中聚焦于是否存在“搭便车”效应以及如何推动区域协同治理，却没有将企业这一重要主体置于同一博弈框架下，相关研究对于是否能解决污染治理问题的效果值得商榷。同时，以往对于该问题的研究缺少基于有限理性对该问题中多重、复杂的互动关系的梳理。为此，本书的模型假定涉及发达地区的地方政府甲、欠发达地区的地方政府乙以及污染违规的企业，建立地方政府甲－地方政府乙－企业三方参与的演化博弈模型。创新视角在于：①从竞争到合作，理清、研究不同发展程度的地方政府对区域绿色发展过程中的府际合作互动关系演化趋势及合作方式。②从减排升级到区位迁移，将企业迁移纳入地方政府的环境规制互动策略的讨论，清晰反映企业合规行为对地方政府影响。③从“腾笼换鸟”到“凤凰涅槃”，从区域绿色发展角度观察这两种转型调整方式在同一框架背景下，梳理三方主体在不同策略组合时的动态演化趋势。本书旨在为推动提高整体性的社会环境效率提供建议，以缩小区域经济发展差距以及区域环境可持续发展为导向，为地方政府在平衡经济发展与环境治理的问题解决提供新思路，将环境污染治理纳入府际合作共赢模式研究，为实现经济可持续发展提供理论依据。

3.2　政府与企业的互动关系演化博弈模型

3.2.1　政府规制与企业行为互动的影响机理分析

发达地区地方政府通过引导高污染企业进行产业转移，能够快速改善环境污染问题，但也会给地区经济增加下滑的风险，因此面临着“腾笼换鸟”或“凤凰涅槃”的抉择；相对而言，欠发达地区“以地谋发展”的不可持续性和“产业空城”现象，导致欠发达地区是否能将环境规制强度作为吸引企业迁入的竞争优势存疑，降低环境规制强度对于从发达地区企业迁入欠发达地区的企业具有一定合规成本上的优势（沈坤荣 等，2017），但欠发达地区原有的产业整体实力薄弱、产业链条较短等问题影响企业迁移意愿（傅强 等，2016）。与此同时，企业作为环境治理过程中的重要主体，面对趋于严格的环境规制，为了降低合规成本，面临着就地减排技术升级或向外迁移的抉择。从区域长远利益最大化角度来看，达成府际合作，承接部分环境友好型企业，倒逼高污染且难治理的企业或项目关停并转，可以有效控制环境污染蔓延。为减少区域发展不平衡，推动府际间企业迁移承接及协同治污实现绿色可持续发展，中央政府对达成此类府际合作的地方政府进行绩效奖励（饶常林 等，2022）。

本书假设区域绿色发展问题中，只有发达地区政府甲、欠发达地区政府乙和企业作为参与者的三方有限理性，即在意识到彼此的战略选择后，通过一个长期的动态演化过程，不断学习、模仿他人并改变自己的行为策略，最终达到三方均衡。同时，政府和企业可以分别被视为一个庞大而无限的群体。基于此，我们可以考虑使用进化博弈论来分析三方行为策略的交互机制。每次将从有限理性的三类群体中随机配对展开博弈，并在长期交互影响中不断调整自身策略直至达到演化均衡。发达地区地方政府甲、欠发达地区地方政府乙和企业在博弈的过程中各有两种行为可选：“腾笼换鸟”和“凤凰涅槃”、合作和不合作、减排合规和迁移合规。由于政府不同的策略差异主要体现在政策支持和资金奖励两个方面，具体假设及参数设置如下：

3.2.2 模型假设及参数设置

基于以上对三方动态博弈关系的分析，我们可以做出如下假设：

假设1 本书假设发展程度不同的地方政府和企业的策略如下：发达地区

政府的行为策略集是{腾笼换鸟，凤凰涅槃}；欠发达地区政府的行为策略集为{合作共治，不合作}；企业的行为策略集是{迁移合规，减排合规}。初始阶段，发达地区政府甲选择“腾笼换鸟”或“凤凰涅槃”策略概率分别为 x 和 $1-x$；欠发达地区政府乙选择“合作共治”或“不合作”策略概率分别为 y 和 $1-y$；企业选择“迁移合规”或“减排合规”策略概率分别为 z 和 $1-z$。

假设2　发达地区地方政府甲：当甲地选择“腾笼换鸟”给予迁出企业一定的经济补贴、企业成功迁出后，将吸引高新（清洁型）产业迁入形成设施整改建设成本，合记为腾笼换鸟成本 C_{11}（沈坤荣 等，2017），同时将获得潜在的迁入高新企业营业税收及环境税收，并支付环境治理成本 a_1，减排技术补贴比例为 λ_1。当甲地选择“凤凰涅槃”的模式，即更倾向于企业就地绿色升级，通过加大对企业的绿色技术升级的绿色技术补贴比例 λ_2（$\lambda_2 > \lambda_1$），以推动企业就地绿色升级（Li，2019；陈晓红 等，2021），政府甲将继续获得企业缴纳的营业税收 A 及企业排污所产生的环境税收，并支出环境治理费用 C_{13}，此处为了简便将扣除环境税收外还需支付的环境治理的单位成本记为 c_1，且 $c_1 > a_1$。另外，考虑到资源的有限性，假定企业不迁走则高新企业无法迁入。

假设3　欠发达地区地方政府乙：当乙地选择承接该企业时，考虑到园区的交通设施、通信服务、排污环保等基础设施及公共服务平台等配套设施不完善将制约其承接的企业运营状况达到地方性的产业提升，建设相关设施需要投入招商引资成本 C_{21}。同时，乙地将对迁入的企业进行土地租金减免、财政补贴等经济上的补贴 C_{22}，以吸引企业落户。另外，企业运营产生的污染对应的环境治理成本为 C_{23}，此处为了简便将环境治理的单位成本记为 c_2。当需要承接的企业对自然环境破坏大、排污严重时地方政府乙选择不承接，此时达成甲乙两地的府际间合作，想要迁移的企业只能按照所在地要求进行停业整改，根据《重点区域大气污染防治“十二五”规划》等相关条例，参考初钊鹏等（2019）的研究，将中央政府将对规划完成情况好、大气环境质量改善明显的区域给予奖励以及当地民众对当地政府的信任、好评等记为对府际合作的生态联动绩效

奖励 B_1。

假设4　企业：正常经营得到营收 R，需要按比例向所在地区缴纳营业税，生产活动排放污染物给当地带来损失初始值为 P，需要上缴相应的环境税，税率 α 将根据所在地的地方政府规定进行缴纳，为当地政府带来营业税收设定为 A。选择迁移会产生相应迁移成本 C_{31}（沈坤荣 等，2017），在政府甲采取“腾笼换鸟”策略时为了引导当地企业进行迁移将给成功迁移的企业补贴 S_1，同时，也会收到承接地的经济补贴 S_2（王颖 等，2020）。企业选择就地绿色技术升级则存在技术升级成本 C_{32}（陈晓红 等，2021），带来的减排效果为 $P\times(1-\theta)\ (0<\theta<1)$。

根据以上假设，构建关于政府甲、政府乙与企业的三方演化博弈收益矩阵，如表3-1所示。

表3-1　政府甲、政府乙和企业的三方博弈支付矩阵

				地方政府甲	
				腾笼换鸟 x	凤凰涅槃 $1-x$
企业	迁移合规 z	地方政府乙	合作共治 y	$E_8(1,1,1)$ $\varepsilon_1\times A-C_{11}-c_1\times\varepsilon_2\times P-\varepsilon_2\times D$, $A-C_{21}-C_{22}-c_2\times P-D$, $(R-A)-C_{31}-P\times\alpha_2+S_2$	$E_7(0,1,1)$ $A-\lambda_2\times C_{32}-c_1\times\theta\times P-\theta\times D_0+B_1$, B_1, $(R-A)-C_{33}-(1-\lambda_2)\times C_{32}-P\times\alpha_1\times\theta$
			不合作 $1-y$	$E_6(1,0,1)$ $\varepsilon_1\times A-C_{11}-c_1\times\varepsilon_2\times P-\varepsilon_2\times D$, $A-C_{21}-C_{22}-c_2\times P-D$, $(R-A)-C_{31}-P\times\alpha_2+S_1$	$E_5(0,0,1)$ 0, $A-C_{21}-C_{22}-c_2\times P-D$, $(R-A)-C_{31}-P\times\alpha_2+S_1$
	减排合规 $1-z$		合作共治 y	$E_4(1,1,0)$ $A-C_{11}-\lambda_1\times C_{32}-\theta\times(c_1\times P+D)$, $-C_{21}$, $(R-A)-(1-\lambda_1)\times C_{32}-P\times\alpha_1\times\theta$	$E_3(0,1,0)$ $A-\lambda_2\times C_{32}-\theta\times(c_1\times P+D)$, 0, $(R-A)-(1-\lambda_2)\times C_{32}-P\times\alpha_1\times\theta$
			不合作 $1-y$	$E_2(1,0,0)$ $A-C_{11}-\lambda_1\times C_{32}-\theta\times(c_1\times P+D)$, 0, $(R-A)-(1-\lambda_1)\times C_{32}-P\times\alpha_1\times\theta$	$E_1(0,0,0)$ $A-\lambda_2\times C_{32}-\theta\times(c_1\times P+D)$, $-C_{21}$, $(R-A)-(1-\lambda_2)\times C_{32}-P\times\alpha_1\times\theta$

3.2.3 演化博弈模型

地方政府甲在博弈时选择“腾笼换鸟”和“凤凰涅槃”策略的期望收益分别为 U_{11} 和 U_{12}，平均收益函数为 U_1。

$$U_{11}=A-C_{11}-D\theta-c_1P\theta-C_{32}\lambda_1+z[A(-1+\varepsilon_1)-(D+c_1P)(\varepsilon_2-\theta)+C_{32}\lambda_1]$$

$$U_{12}=yz(A+B_1-D\theta-c_1P\theta-C_{32}\lambda_2)+(1-z)(A-D\theta-c_1P\theta-C_{32}\lambda_2)$$

$$\begin{aligned}U_1&=U_{11}\times x+U_{12}\times(1-x)\\&=A-D\theta-c_1P\theta-C_{32}\lambda_2+yz(A+B_1-D\theta-c_1P\theta-C_{32}\lambda_2)+z(-A+D\theta+c_1P\theta+C_{32}\lambda_2)+\\&\quad x[-C_{11}-C_{32}(\lambda_1-\lambda_2)]+z[A\varepsilon_1-D\varepsilon_2-c_1P\varepsilon_2+C_{32}(\lambda_1-\lambda_2)]+\\&\quad yz(-A-B_1+A\eta+D\theta+c_1P\theta+C_{32}\lambda_2)\end{aligned}$$

地方政府乙在博弈时选择“合作共治”和“不合作”策略的期望收益分别为 U_{21} 和 U_{22}，平均收益函数为 U_2。

$$U_{21}=B_1z+x[-C_{21}+z(A-B_1-C_{22}-D-c_2P)]$$

$$U_{22}=(A-C_{22}-D-c_2P)z+C_{21}(-1+x-xz)$$

$$\begin{aligned}U_2&=U_{21}\times y+U_{22}\times(1-y)\\&=-C_{21}+(A-C_{22}-D-c_2P)z+y[C_{21}+(-A+B_1+C_{22}+D+c_2P)z]+\\&\quad x\{C_{21}-C_{21}z+y[-C_{21}-C'_{21}+z(A-B_1+C_{21}-C_{22}-D-c_2P)]\}\end{aligned}$$

企业在博弈时选择“迁移合规”和“减排合规”策略的期望收益分别为 U_{31} 和 U_{32}，平均收益函数为 U_3。

$$\begin{aligned}U_{31}&=-A-C_{31}+R+S_1-P\alpha_2+y(C_{31}-C_{32}-C_{33}-S_1+P\alpha_2-P\alpha_1\theta+C_{32}\lambda_2)+\\&\quad x(-S_1+S_2+y(-C_{31}+C_{32}+C_{33}+S_1-P\alpha_2+P\alpha_1\theta+C_{32}\lambda_2))\end{aligned}$$

$$U_{32}=-A-C_{32}+R-P\alpha_1\theta+C_{32}\lambda_2+x(C_{32}\lambda_1-C_{32}\lambda_2)$$

$$\begin{aligned}U_3&=U_{31}\times z+U_{32}\times(1-z)\\&=-A-C_{32}+R-P\alpha_1\theta+C_{32}\lambda_2+z(-C_{31}+C_{32}+S_1-P\alpha_2+P\alpha_1\theta-C_{32}\lambda_2)+\\&\quad yz(C_{31}-C_{32}-C_{33}-S_1+P\alpha_2-P\alpha_1\theta+C_{32}\lambda_2)+\\&\quad x[C_{32}\lambda_1-C_{32}\lambda_2+yz(-C_{31}+C_{32}+C_{33}+S_1-P\alpha_2+P\alpha_1\theta-C_{32}\lambda_2)+z(-S_1+S_2-C_{32}\lambda_1+C_{32}\lambda_2)]\end{aligned}$$

此时，根据 Malthusian 方程可知，地方政府甲、地方政府乙、企业的策略选择的复制动态方程分别为：

$$F(x)=dx/dt=x(U_{11}-U_1)=x(1-x)(U_{11}-U_{12})=(-1+x)x\times G(y)$$

$$F(y)=dy/dt=y(U_{21}-U_2)=y(1-y)(U_{21}-U_{22})=(1-y)\times y\times G(z)$$

$$F(z)=dz/dt=z(U_{31}-U_3)=z(-1+z)(U_{31}-U_{32})=(-1+z)z\times H(y)$$

$F(x)$ 关于 x 的一阶导数为：$\frac{dF(x)}{dx}=(1-2x)\times G(y)$，$F(y)$ 关于 y 的一阶导数为：$\frac{d[F(y)]}{dy}=-(2y-1)G(z)$，$F(z)$ 关于 z 的一阶导数为：$\frac{d[F(z)]}{dz}=(-1+2z)H(y)$，其中：

$$G(y)=-C_{11}-C_{32}\lambda_1+C_{32}\lambda_2+z(A\varepsilon_1-D\varepsilon_2-c_1P\varepsilon_2+C_{32}\lambda_1-C_{32}\lambda_2)+yz(-A-B_1+D\theta+c_1P\theta+C_{32}\lambda_2),$$

$$G(z)=C_{21}+(-A+B_1+C_{22}+D+c_2P)z+xz(A-B_1+C_{21}-C_{22}-D-c_2P),$$

$$H(y)=a-(a-C_{33})y+x[S_1-S_2+C_{32}\lambda_1-C_{32}\lambda_2+(a-C_{33})y],$$

$$a=C_{31}-C_{32}-S_1+P\alpha_2-P\alpha_1\theta+C_{32}\lambda_2。$$

3.3 演化趋势分析

3.3.1 地方政府甲的策略演化趋势分析

根据微分方程稳定性，地方政府甲选择进行绿色改造的概率需要满足以下两个条件才算是处于稳定状态：① $F(x)=0$；② $d[F(x)]/dx<0$。当 $-A-B_1+D\theta+c_1P\theta+C_{32}\lambda_2<0$，此时由于 $\partial G(y)/\partial y<0$，故 $G(y)$ 是关于 y 的减函数，且当 $y=\frac{C_{11}+C_{32}\lambda_1+z(-A\varepsilon_1+D\varepsilon_2+c_1P\varepsilon_2-C_{32}\lambda_1)+C_{32}(-1+z)\lambda_2}{z(-B_1-A+D\theta+c_1P\theta+C_{32}\lambda_2)}=y^*$时，$G(y)=0$，则有 $d[F(x)]/dx=0$，此时地方政府甲的策略选择不稳定；当 $G(y)<0$或 $y<y^*$ 成立，则有 $G(y)<0$，即 $d[F(x)]/dx|_{x=1}<0$，此时 $x=1$即地方政府甲选择“腾笼换鸟”策略为 ESS；反之，$x=0$为 ESS。地方政府甲的策略演化相位图如图3-1所示。

由图3-1可知，地方政府甲稳定选择“腾笼换鸟”的概率为 $A1$，概率空间的体积为 V_{A1}，稳定选择进行“凤凰涅槃”的概率为 $A2$，概率空间的体积为 V_{A2}，经计算可知：

$$V_{A1}=\int_0^1\int_0^1\frac{C_{11}+C_{32}\lambda_1+z\left(-A\varepsilon_1+D\varepsilon_2+c_1P\varepsilon_2-C_{32}\lambda_1\right)+C_{32}\left(-1+z\right)\lambda_2}{z\left(-B_1-A+D\theta+c_1P\theta+C_{32}\lambda_2\right)}dzdx$$

$$V_{A2}=1-V_{A1}=1-\int_0^1\int_0^1 y^* dzdx \quad (ESS:y\to 1)$$

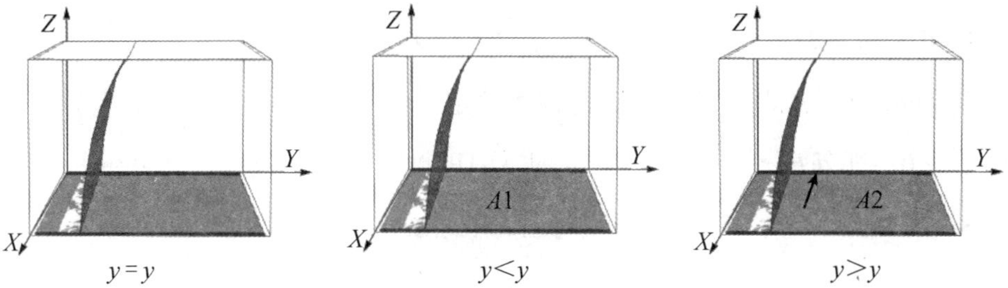

图3-1 地方政府甲的策略演化相位图

推论1：地方政府甲选择“腾笼换鸟”的概率与企业排污量、“腾笼”成本、环境治理成本、生态损害成本、中央对地方政府合作的奖励、减排技术的减排效果、进行“腾笼换鸟”策略时的减排补贴率及两种策略的差额呈正相关，与企业规模、“凤凰涅槃”时的技术补贴率呈现负相关。（证明见附录）

推论1表明：地方政府甲可以通过加大两种策略中对于减排技术升级补贴的比例差额，促使企业跟随当地政府的策略选择进行区位迁移或技术升级。同时，中央可以通过加大生态联动绩效奖励缓解地方政府资金压力，增强府际合作共治的积极性，推动落后区域绿色升级转型。

推论2：演化过程中存在地方政府甲选择“腾笼换鸟”的概率随企业选择区位迁移和政府乙选择合作意愿的增加而上升（证明见附录）。

推论2表明：增加欠发达地区与发达地区的合作意愿将有利于地方政府甲选择“腾笼换鸟”进行产业转型作为稳定的演化策略。在老旧工业区的改造过程中，排污企业进行区位迁移的倾向越高越有利于发达地区开展高新企业的招商工作，如株洲清水塘老工业区261家企业全面搬迁腾退后，通过升级改造引入三一能源装备园、绿地滨江科创园等项目，该区域实现再次“腾飞”。

3.3.2 地方政府乙的策略演化趋势分析

根据微分方程稳定性，地方政府乙选择进行绿色改造的概率需要满足以下两个条件才算是处于稳定状态：① $F(x)=0$；② $d[F(x)]/dx<0$。当 $A-B_1+C_{21}-C_{22}-D-c_2P-A\eta>0$，由于 $\partial G(z)/\partial z<0$，故 $G(z)$ 是关于 z 的增函数，且当 $z=\frac{-C_{21}+2C_{21}x}{-A+B_1+C_{22}+D+c_2P+x\left(A-B_1+C_{21}-C_{22}-D-c_2P\right)}=z^*$ 时，$G(z)=0$，则有 $d[F(y)]/dy=0$，此时企业的策略选择不稳定；当 $G(z)<0$或 $z<z^*$ 成立，则有 $G(z)>0$，即 $d[F(y)]/dy|_{y=1}<0$，此时 $y=1$即地方政府乙选择合作共治策略为ESS；反之，$y=0$为ESS。地方政府乙的策略演化相位图如图3-2所示：

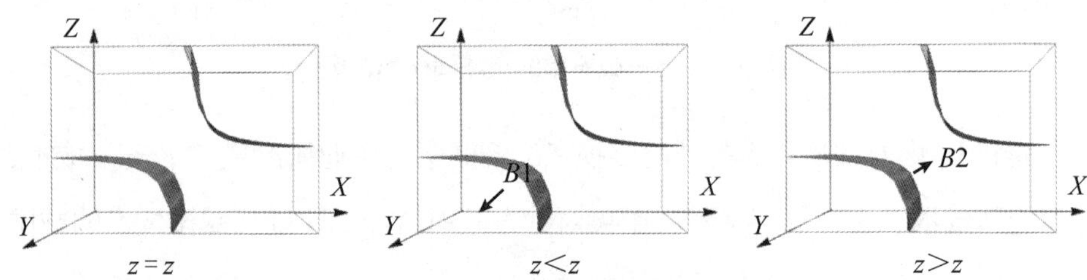

图3-2 地方政府乙的策略演化相位图

由图3-2可知，地方政府乙选择合作的概率为 $B1$，概率空间的体积为 V_{B1}，稳定选择不合作的概率为 $B2$，概率空间的体积为 V_{B2}，经计算可知：

$$V_{B1}=\int_0^1\int_0^1\frac{-C_{21}+2C_{21}x}{-A+B_1+C_{22}+D+c_2P+x\left(A-B_1+C_{21}-C_{22}-D-c_2P\right)}dxdz$$

$$=\frac{-2C_{21}\left[B_1-C_{21}+C_{22}+D+c_2P+A\left(-1+\eta\right)\right]}{\left(B_1-C_{21}+C_{22}+D+c_2P-A\right)^2}+$$

$$\frac{\left[C_{21}{}^2+C_{21}\left(-A+B_1+C_{22}+D+c_2P\right)\right]\left[\log(-A+B_1+C_{22}+D+c_2P)-\log C_{21}\right]}{\left(B_1-C_{21}+C_{22}+D+c_2P-A\right)^2}$$

$$V_{B2}=1-V_{B1}=1-\int_0^1\int_0^1 z^*dxdy\quad(ESS:y\to 1)$$

推论3：地方政府乙选择合作的概率与企业排污量呈现非线性关系，与招商成本、生态损害成本、中央对地方政府的生态联动绩效奖励、环境治理成本、减排技术的减排效果呈正相关，与企业规模、对企业迁移的经济补贴成本负相关（证明见附录）。

推论3表明：欠发达地区是否选择与发达地区合作共治主要取决于待承接的企业排污类型及其对生态环境污染程度。同时，企业排污水平对欠发达地区策略选择影响不是单一的线性关系，即企业排污水平超过一定界限后将倾向于就地减排合规。同时，中央政府可以加大对相关府际合作进行专项奖励或优惠政策，增强府际间合作积极性，优化区域资源利用。

推论4：演化过程中存在地方政府乙选择合作共治的概率随政府甲选择"凤凰涅槃"的意愿或企业选择减排合规意愿的增加而上升（证明见附录）。

推论4表明：当发达地区倾向于通过"凤凰涅槃"的方式实现区域绿色升级时，会增加欠发达地区的招商成本投入；当企业选择减排合规策略倾向越大时，欠发达地区孤注一掷选择不合作进行盲目建设的概率也会增大，从而徒增地方政府的财政压力，造成欠发达地区投入大笔资金但产业园区招商引资难、入驻率低等现象。

3.3.3　企业的策略演化趋势分析

根据微分方程稳定性，企业选择进行绿色改造的概率需要满足以下两个条件才算是处于稳定状态：$F(z)=0$；② $d[F(z)]/dz<0$。当 $C_{31}-C_S+A(1-x)\eta>0$ 时，$\partial H(y)/\partial y>0$，故 $H(y)$ 是关于 y 的增函数，且当

$$y=-\frac{C_{31}+S_1(-1+x)-S_2x+P\alpha_2-P\alpha_1\theta+C_{32}\left(-1+x(\lambda_1-\lambda_2)+\lambda_2\right)}{(-\ +x)(C_{31}-C_{32}-C_{33}-S_1+P\alpha_2-P\alpha_1\theta+C_{32}\lambda_2)}=y^{**}$$

时，$H(y)=0$，此时有 $d[F(z)]/dz=0$，此时企业的策略选择不稳定；当 $H(y)<0$ 或 $y<y^{**}$ 成立，则有 $G(z)>0$，即 $d[F(z)]/dz|_{z=0}<0$。

此时 $z=0$ 即企业选择进行减排合规的策略为演化稳定均衡策略 ESS（Evolutionarily stable strategy）；反之，$z=0$ 为 ESS。企业的策略演化相位图如图3-3所示。

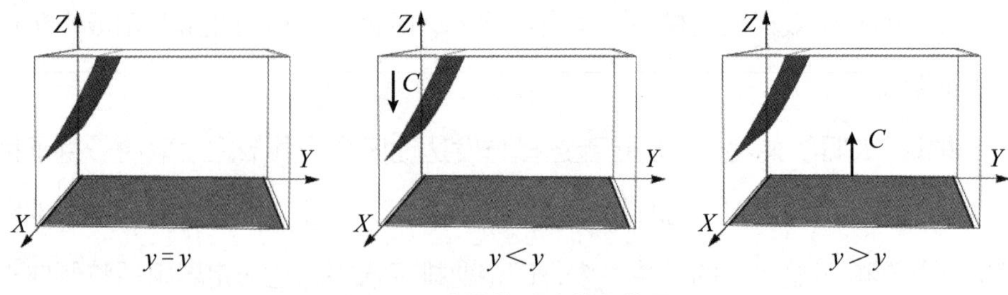

图3-3 企业策略演化相位图

由图3-3可知，企业稳定选择减排合规的概率为 $C1$，概率空间的体积为 V_{C1}，稳定选择进行区位迁移的概率为 $C2$，概率空间的体积为 V_{C2}，经计算可知：

$$V_{C1}=\int_0^1\int_0^1\frac{(y-1)\left(C_{31}-C_{32}+C_{32}\lambda_2-S_1+P\alpha_2-P\alpha_1\theta\right)-yC_{33}}{S_1-S_2+C_{32}(\lambda_1-\lambda_2)+y\left(C_{31}-C_{32}-C_{33}+C_{32}\lambda_2-S_1+P\left(\alpha_2-\alpha_1\theta\right)\right)}dydz$$

$$=-\frac{\left(\begin{array}{l}-C_{31}+C_{32}+C_{33}+S_1-P\alpha_2+P\alpha_1\theta-C_{32}\lambda_2\\+\left(C_{31}-S_2+P\alpha_2-P\alpha_1\theta+C_{32}\left(-1+\lambda_1\right)\right)\left(\begin{array}{l}\log\left[-C_{31}+C_{32}+C_{33}+S_2+P\alpha_1\theta-P\alpha_2-C_{32}\lambda_1\right]\\-\log\left[-S_1+S_2-C_{32}(\lambda_1-\lambda_2)\right]\end{array}\right)\end{array}\right)}{\left(C_{31}-C_{33}-S_1+P\alpha_2-P\alpha_1\theta+C_{32}\left(-1+\lambda_2\right)\right)}$$

$$V_{C2}=1-V_{C1}=1-\int_0^1\int_0^1 x^* dydz \quad (\mathrm{ESS}:z\to 1)$$

推论5：企业选择减排合规的概率与企业规模无关，但与迁移成本、关停并改成本、减排技术补贴比例、乙地环境税率呈正相关，与企业排污量、减排技术升级成本、减排技术的减排效果、甲地采取不同策略时减排技术补贴比例的差额、甲地环境税率、迁移时甲乙两地的经济补贴呈负相关。

推论5表明：企业选择进行迁移合规还是进行减排合规的影响因素主要受自身排污水平影响，若排污量过大选择进行迁移可能面临较大概率找不到承接地而被迫关停整改造从而成更大经济损失，排污量较小的企业面临迁移成本及人员变动上的不确定因素，将更愿意进行减排技术升级。另外，府际间环境规制强度的差异越大，企业选择迁移合规意愿更强。发达地区可通过提高技术补贴比例或者降低两种不同激励政策时减排技术的补贴差额以及迁入地提高环境税税率等措施提高企业减排合规倾向。

推论6：演化过程中存在企业选择减排合规的概率随政府甲选择“凤凰涅槃”的倾向和政府乙选择与政府甲合作共治意愿的增加而上升。

推论6表明：当发达地区倾向于通过“凤凰涅槃”的方式实现区域绿色升级时，可通过加大对当地企业的减排升级的补贴、降低企业减排合规成本来使其留在当地进行改造。另外，当欠发达地区选择不与发达地区合作共治，对于高污染企业来说可以从欠发达地区获得更多的政策补贴及排污成本降低，会更倾向于选择进行迁移合规，去往“污染天堂”。

3.4 地方政府绿色发展策略分析

3.4.1 “凤凰涅槃”策略（对应情形1）

在动态博弈过程中参与博弈的三方进行策略选择时的概率 x、y、z 均与时间有关，令三个复制动态方程均等于0，可得到均衡点 E_1~E_{16} 共16个局部均衡点，将非纯策略均衡点均记为（x^*, y^*, z^*），只有当$0 \leqslant x^* \leqslant 1$且$0 \leqslant y^* \leqslant 1$，$0 \leqslant z^* \leqslant 1$，三个条件同时满足时该局部均衡点成立。但由于通过复制动态方程求出的平衡点不一定是系统的演化稳定策略，根据李雅普洛夫稳定性理论（Selten et al.，1988），系统在平衡点处的渐近稳定特性可通过分析系统雅克比（Jacobian）矩阵的特征值来判断（见表3-2），系统渐进稳定的充要条件是Jacobian 矩阵的所有特征值均具有负实部，即 $T<0$，否则该点不稳定（鞍点）。为了分析该系统的演化稳定策略，将讨论局部均衡点中涉及的纯策略均衡点 E_1~E_8 的渐进稳定性（许玲燕 等，2017；初钊鹏 等，2019）。由地方政府甲、地方政府乙、企业构成的系统演化的 Jacobian 矩阵 $\boldsymbol{J}$，求解得特征值 T_1、T_2、T_3，可得8个纯策略均衡点的雅可比矩阵的特征值，并且进一步分析确定三方取得演化均衡点的稳定性条件。

表3-2 系统平衡点及其特征值

均衡点	特征值	正负性	稳定性	稳定性条件
$E_1(0, 0, 0)$	$-C_{11}-C_{32}(\lambda_1-\lambda_2)$	不确定	鞍点（不稳定）	/
	C_{21}	+		
	$-C_{31}-C_{32}(-1+\lambda_2)+S_1-P\alpha_2+P\alpha_1\theta$	不确定		
$E_2(1, 0, 0)$	$C_{11}+C_{32}(\lambda_1-\lambda_2)$	不确定	不确定	①
	$-C_{21}$	-		
	$-C_{31}-C_{32}(-1+\lambda_2)+S_1-P\alpha_2+P\alpha_1\theta$	不确定		
$E_3(0, 1, 0)$	$-C_{11}-C_{32}(\lambda_1-\lambda_2)$	不确定	不确定	②
	$-C_{21}$	-		
	$-C_{33}$	-		
$E_4(1, 1, 0)$	$C_{11}+C_{32}(\lambda_1-\lambda_2)$	不确定	鞍点（不稳定）	/
	C_{21}	+		
	$-C_{31}-C_{32}(-1+\lambda_2)+S_2-P\alpha_2+P\alpha_1\theta$	-		
$E_5(0, 0, 1)$	$-C_{11}+A\varepsilon_1-(D+c_1P)\varepsilon_2$	不确定	不确定	③
	$-A+B_1+C_{21}+C_{22}+D+c_2P$	不确定		
	$C_{31}-S_1+P\alpha_2-P\alpha_1\theta+C_{32}(-1+\lambda_2)$	不确定		
$E_6(1, 0, 1)$	$C_{11}-A\varepsilon_1+(D+c_1P)\varepsilon_2$	不确定	鞍点（不稳定）	/
	0	/		
	$C_{31}-S_2+P\alpha_2-P\alpha_1\theta+C_{32}(-1+\lambda_2)<0$	不确定		
$E_7(0, 1, 1)$	$-B_1-C_{11}+A(-1+\varepsilon_1)-(D+c_1P)(\varepsilon_2-\theta)+C_{32}\lambda_2$	不确定	鞍点（不稳定）	/
	$A-B_1-C_{21}-C_{22}-D-c_2P$	不确定		
	C_{33}	+		
$E_8(1, 1, 1)$	$B_1+C_{11}-A(-1+\varepsilon_1)+(D+c_1P)(\varepsilon_2-\theta)-C_{32}\lambda_2$	不确定	鞍点（不稳定）	/
	0	/		
	$C_{31}-S_2+P\alpha_2-P\alpha_1\theta+C_{32}(-1+\lambda_1)$	不确定		

渐进稳定性条件①：$C_{11}+C_{32}(\lambda_1-\lambda_2)<0$，$-C_{31}-C_{32}(-1+\lambda_1)+S_1-P(\alpha_2-\alpha_1\theta)<0$

渐进稳定性条件②：$-C_{11}-C_{32}(\lambda_1-\lambda_2)<0$

渐进稳定性条件③：$-C_{11}+A\varepsilon_1-(D+c_1P)\varepsilon_2<0$，$-A+B_1+C_{21}+C_{22}+D+c_2P<0$，

$C_{31}-S_1+P(\alpha_2-\alpha_1\theta)+C_{32}(\lambda_2-1)<0$

$$
\boldsymbol{J}=\begin{pmatrix}
(-1+2x)\left\{\begin{matrix}-C_{11}-C_{32}\lambda_1\\ +z\begin{pmatrix}-B_1y+A(\varepsilon_1-y)+C_{32}\lambda_1\\ -(D+c_1P)(\varepsilon_2-y\theta)\end{pmatrix}\\ +C_{32}\left(1+(-1+y)z\right)\lambda_2\end{matrix}\right\} & -(-1+x)x\left(z\begin{pmatrix}-B_1+A(-1+\eta)+D\theta\\ +c_1P\theta+C_{32}\lambda_2\end{pmatrix}\right) & -(-1+x)x\begin{pmatrix}-B_1y+A(\varepsilon_1-y)\\ -(D+c_1P)(\varepsilon_2-y\theta)\\ +C_{32}(\lambda_1-(1-y)\lambda_2)\end{pmatrix}\\
-(-1+x)xz\begin{pmatrix}-B_1-A+D\theta\\ +c_1P\theta+C_{32}\lambda_2\end{pmatrix} & -(-1+2y)\begin{pmatrix}C_{21}-C_{21}x+C_{21}x(-1+z)\\ +Az(-1+x)\\ -(B_1+C_{22}+D+c_2P)(-1+x)z\end{pmatrix} & (-1+y)y\begin{pmatrix}A-Ax\\ -B_1-C_{22}-D-c_2P\\ +(B_1-C_{21}+C_{22}+D+c_2P)x\end{pmatrix}\\
-(-1+x)x\begin{pmatrix}A(\varepsilon_1-y)-B_1y\\ +C_{32}(\lambda_1-(1-y)\lambda_2)\\ -(D+c_1P)(\varepsilon_2-y\theta)\end{pmatrix} & (-1+x)(-1+z)z\begin{pmatrix}C_{31}+C_{32}(-1+\lambda_2)-C_{33}\\ -S_1+P\alpha_2-P\alpha_1\theta\end{pmatrix} & (-1+2z)\begin{pmatrix}C_{31}+C_{31}(-1+x)y\\ +S_1(-1+x)-S_2x+P\alpha_2\\ -(-1+x)y(C_{33}+S_1-P\alpha_2)\\ +P(-1+y-xy)\alpha_1\theta\\ +C_{32}\begin{pmatrix}(-1+x)y(-1+\lambda_2)\\ +x\lambda_1+\lambda_2-x\lambda_2-1\end{pmatrix}\end{pmatrix}
\end{pmatrix}
$$

情形1：发达地区选择“凤凰涅槃”，欠发达地区选合作共治，企业减排合规（证明见附录）。

情形1表明：当两种策略下减排升级补贴比例差距越小，该系统演化方向越趋于发达地区选择“凤凰涅槃”并趋于稳定，即此时欠发达地区选择合作共治，企业选择就地进行减排技术升级合规。此时，发达地区更倾向于选择“凤凰涅槃”，促使企业留在本地进行减排技术升级来提高当地区域绿色水平；对于欠发达地区来说选择与发达地区合作共治，不建立相关的基础设施承接该企业将减少地方损失，可以有效减少欠发达地区大力兴建园区而招商难、入驻率低的“入不敷出”现象。

3.4.2　考虑府际合作方式的演化均衡拓展分析

府际合作机制的合理设定是推动区域绿色协同发展的关键。通过对北京、江苏、广东、辽宁等地方政府出台的政策研究，发现“飞地经济”的经营模式取得了显著成果（李鲁奇 等，2019；王颖 等，2020），本研究进一步探讨府际合作中利益分享模式这一关键因素的影响。当两地达成府际合作关系时，发达地区甲将出资参与欠发达地区乙的园区建设，帮助企业开展迁移工作，此时，发达地区甲选择“腾笼换鸟”策略成本增加，记为 C_{11}，欠发达地区乙的招商引资成本为 C_{21}；若两地处于不合作的竞争状态，发达地区甲“腾笼换鸟”成本为 $C'_{11}(C_{11} > C'_{11})$，欠发达地区乙将独自承担吸引企业落户投入相关建设成本 $C'_{21}(C_{21} > C'_{21})$。其次，地方政府之间还存在“飞地经济”模式，即考虑到欠发达地区的产业聚集效应弱、难以吸引研发人才，部分企业选择将研发、营销、运营等工作留在较发达地区开展，对迁入欠发达地区的生产制造部门进行技术输出。合作意向达成时，市场企业缴纳的营业税收将由两地共同分享，发达地区甲可获得企业的部分经营税收 $\eta\times A$；若没有达成合作，则承接地乙独享企业税收 A。此时，该系统的收益矩阵为表3-3。

表3-3　考虑府际合作方式的政府甲、政府乙和企业的三方博弈支付矩阵

				地方政府甲	
				腾笼换鸟 x	凤凰涅槃 $1-x$
企业	迁移合规 z	地方政府乙	合作共治 y	$E_8(1, 1, 1)$ $(\eta+\varepsilon_1)A-C'_{11}-c_1\times\varepsilon_2\times P-\varepsilon_2\times D$, $(1-\eta)\times A-C'_{21}-C_{22}-c_2\times P-D$, $(R-A)-C_{31}-P\times\alpha_2+S_2$	$E_7(0, 1, 1)$ $A-\lambda_2\times C_{32}-c_1\times\theta\times P-\theta\times D_0+B_1$, B_1, $(R-A)-C_{33}-(1-\lambda_2)\times C_{32}-P\times\alpha_1\times\theta$
			不合作 $1-y$	$E_6(1, 0, 1)$ $\varepsilon_1 A$-$C11$--$c_1\times\varepsilon_2\times P-\varepsilon_2\times D$, $A-C_{21}-C_{22}-c_2\times P-D$, $(R-A)-C_{31}-P\times\alpha_2+S_1$	$E_5(0, 0, 1)$ 0, $A-C_{21}-C_{22}-c_2\times P-D$, $(R-A)-C_{31}-P\times\alpha_2+S_1$
	减排合规 $1-z$	地方政府乙	合作共治 y	$E_4(1, 1, 0)$ $A-C'_{11}-\lambda_1\times C_{32}-\theta\times(c_1\times P+D)$, $-C'_{21}$, $(R-A)-(1-\lambda_1)\times C_{32}-P\times\alpha_1\times\theta$	$E_3(0, 1, 0)$ $A-\lambda_2\times C_{32}-c_1\times\theta\times P-\theta\times D_0+B_1$, 0, $(R-A)-(1-\lambda_1)\times C_{32}-P\times\alpha_1\times\theta$
			不合作 $1-y$	$E_2(1, 0, 0)$ $A-C_{11}-\lambda_1\times C_{32}-\theta\times(c_1\times P+D)$, 0, $(R-A)-(1-\lambda_1)\times C_{32}-P\times\alpha_1\times\theta$	$E_1(0, 0, 0)$ $A-\lambda_2\times C_{32}-\theta\times(c_1\times P+D)$, $-C_{21}$, $(R-A)-(1-\lambda_1)\times C_{32}-P\times\alpha_1\times\theta$

推论7：地方政府甲选择“腾笼换鸟”的倾向与达成合作时“腾笼”成本及两种策略的成本差额、利益共享比例呈正相关，地方政府乙选择合作的倾向与达成合作时招商成本差额，与达成合作时的招商成本、利益共享比例负相关（证明见附录）。

推论7表明：府际合作中，可通过降低发达地区的合作共建成本投入，设定适当的利益分配比例等方式，缓解欠发达地区建设资金压力及企业迁出的不便利影响，增强府际间合作积极性。发达地区若选择“腾笼换鸟”，在前期支持欠发达地区的基础设施建设、环境治理技术等建设工作，降低欠发达地区的合作成本，将有利于推动府际间形成“飞地经济”等合作模式，破解落后地区发展难题。

3.4.3 “腾笼换鸟”策略（对应情形2）

情形2：发达地区对企业策略进行有效引导。在 $-C'_{11}-C_{32}(\lambda_1-\lambda_2)<0$的基础上，若增加 $C_{11}-A\varepsilon_1+(D+c_1P)\varepsilon_2<0$，$C_{21}-C'_{21}-A\eta<0$，$C_{31}-S_2+P\alpha_2-P\alpha_1\theta+C_{32}(-1+\lambda_1)<0$，即满足渐进稳定条件④，则 $E_3(0, 1, 0)$ 和 $E_6(1, 0, 1)$ 为稳定点（证明见附录）。

情形2表明：在发达地区选择“凤凰涅槃”、欠发达地区与之“合作共治”、企业选择“减排合规”的基础上，若“新鸟”的引入将很大程度上提升发达地区绩效水平，则发达地区将会更倾向于选择“腾笼换鸟”，而此时若发达地区对欠发达地区提出较高的合作共治后的收益抽成比例却没有帮助其进行园区共建，将会使得欠发达地区的合作共治意愿下降，此时对于企业来说留下来获得绵薄的减排升级补贴不如获得两地的迁移经济补贴、更宽松的环境规制强度带来的排污成本降低等优待。

3.4.4 “飞地经济”合作策略（对应情形3）

情形3：当 $-C'_{11}-C_{32}(\lambda_1-\lambda_2)<0$，复制动态系统至少存在一个稳定点 $E_3(0, 1, 0)$，增加条件 $B_1+C'_{11}-A(-1+\varepsilon_1+\eta)+(D+c_1P)(\varepsilon_2-\theta)-C_{32}\lambda_2<0$，$C'_{21}-C_{21}+$

$A\eta<0$，$C_{31}-S_2+P(\alpha_2-\alpha_1\theta)+C_{32}(\lambda_1-1)<0$时，该复制动态系统存在两个稳定点$E_3(0, 1, 0)$和$E_8(1, 1, 1)$（证明见附录）。

情形3表明：当进行“腾笼换鸟”成本较高时，发达地区倾向于采取“凤凰涅槃”策略进行区域绿色升级，此时欠发达地区倾向于达成合作的意向越高，企业就越倾向于就地升级。潜在迁入发达地区的“新鸟”排污水平或税收水平较“老鸟”更好，发达地区可与欠发达地区建立适当的合作来推动欠发达地区承接相关企业，此时发达地区加大对“老鸟迁徙”的经济补贴力度，减少对企业的减排升级补贴比例，将有利于引导企业进行迁移合规，达成府际合作，均衡点变为（“腾笼换鸟”，“合作”，“迁移合规”），如表3-4所示。总的来说，此时该系统的稳定点受三者的初始意愿影响稳定于$E_3(0, 1, 0)$即（“凤凰涅槃”，“合作共治”，“减排合规”）或$E_8(1, 1, 1)$即（“腾笼换鸟”，“合作共治”，“迁移合规”）。

表3-4 考虑府际合作方式的系统平衡点及其特征值

均衡点	特征值	正负性	稳定性	稳定性条件
$E_1(0, 0, 0)$	$-C_{11}-C_{32}(\lambda_1-\lambda_2)$	不确定	鞍点（不稳定）	/
	C_{21}	+		
	$-C_{31}-C_{32}(-1+\lambda_1)+S_1-P\alpha_2+P\alpha_1\theta$	不确定		
$E_2(1, 0, 0)$	$C_{11}+C_{32}(\lambda_1-\lambda_2)$	不确定	不确定	①
	$-C_{21}$	−		
	$-C_{31}-C_{32}(-1+\lambda_1)+S_1-P\alpha_2+P\alpha_1\theta$	不确定		
$E_3(0, 1, 0)$	$-C'_{11}-C_{32}(\lambda_1-\lambda_2)$	不确定	不确定	②
	$-C_{21}$	−		
	$-C_{33}$	−		
$E_4(1, 1, 0)$	$C'_{11}+C_{32}(\lambda_1-\lambda_2)$	不确定	鞍点（不稳定）	/
	C'_{21}	+		
	$-C_{31}-C_{32}(-1+\lambda_1)+S_2-P\alpha_2+P\alpha_1\theta$	−		
$E_5(0, 0, 1)$	$-C_{11}+A\varepsilon_1-(D+c_1P)\varepsilon_2$	不确定	不确定	③
	$-A+B_1+C_{21}+C_{22}+D+c_2P$	不确定		
	$C_{31}-S_1+P\alpha_2-P\alpha_1\theta+C_{32}(-1+\lambda_1)$	不确定		

续表

均衡点	特征值	正负性	稳定性	稳定性条件
$E_6(1, 0, 1)$	$C_{11}-A\varepsilon_1+(D+c_1P)\varepsilon_2$	不确定	不确定	④
	$C_{21}-C'_{21}-A\eta$	不确定		
	$C_{31}-S_2+P\alpha_2-P\alpha_1\theta+C_{32}(-1+\lambda_1)<0$	不确定		
$E_7(0, 1, 1)$	$-B_1-C'_{11}+A(-1+\varepsilon_1+\eta)-(D+c_1P)(\varepsilon_2-\theta)+C_{32}\lambda_2$	不确定	鞍点（不稳定）	/
	$A-B_1-C_{21}-C_{22}-D-c_2P$	不确定		
	C_{33}	+		
$E_8(1, 1, 1)$	$B_1+C'_{11}-A(-1+\varepsilon_1+\eta)+(D-c_1P)(\varepsilon_2-\theta)-C_{32}\lambda_2$	不确定	不确定	⑤
	$-C_{21}+C'_{21}+A\eta$	不确定		
	$C_{31}-S_2+P\alpha_2-P\alpha_1\theta+C_{32}(-1+\lambda_1)$	不确定		

渐进稳定性条件①：$C_{11}+C_{32}(\lambda_1-\lambda_2)<0$，$-C_{31}-C_{32}(-1+\lambda_1)+S_1-P(\alpha_2-\alpha_1\theta)<0$

渐进稳定性条件②：$-C'_{11}-C_{32}(\lambda_1-\lambda_2)<0$

渐进稳定性条件③：$-C_{11}+A\varepsilon_1-(D+c_1P)\varepsilon_2<0$，$-A+B_1+C_{21}+C_{22}+D+c_2P<0$，$C_{31}-S_1+P(\alpha_2-\alpha_1\theta)+C_{32}(\lambda_2-1)<0$

渐进稳定性条件④：$C_{11}-A\varepsilon_1+(D+c_1P)\varepsilon_2<0$，$C_{21}-C'_{21}-A\eta<0$，$C_{31}-S_2+P(\alpha_2-\alpha_1\theta)+C_{32}(\lambda_1-1)<0$

渐进稳定性条件⑤：$B_1+C'_{11}-A(-1+\varepsilon_1+\eta)+(D+c_1P)(\varepsilon_2-\theta)-C_{32}\lambda_2<0$，$C_{21}-C'_{21}-A\eta<0$，$C_{31}-S_2+P(\alpha_2-\alpha_1\theta)+C_{32}(\lambda_1-1)<0$

3.4.5　数值分析

由以上分析可知，参数的取值对于博弈演化过程及演化主体会产生不同的影响，为进一步分析企业排污水平、减排技术、减排效果及成本等参数变化对企业、地方政府甲和地方政府乙的策略选择影响。根据本书2.2参数设定，补充$0.12\leqslant\alpha_2\leqslant\alpha_1\leqslant1.4$（依据《中华人民共和国环境保护税法》）。结合渐进稳定条件，用 Matlab 分别对不同条件下地方政府甲、地方政府乙及企业三方参与者行为的动态演化轨迹进行数值仿真，并讨论各参数对演化策略的影响，对各个参数进行赋值，$R=2\ 000$、$A=400$、$P=100$、$C_{31}=80$、$C_{32}=60$、$C_{33}=20$、$\theta=0.7$、$\lambda_1=0.2$、$\lambda_2=0.4$、$C_{11}=150$、$C'_{11}=130$、$C_{21}=70$、$C'_{21}=70$、

$C_{22}=20$、$\eta=0.04$、$\varepsilon_1=1.2$、$\varepsilon_2=0.6$、$B_1=50$、$c_1=1.5$、$c_2=2$、$\alpha_1=1.2$、$\alpha_2=0.36$、$D_0=150$、$S_1=20$、$S_2=40$，由3.1可在满足渐进稳定性条件②时，通过不断改变参与者的初始意愿，发现此时稳定点不随参与者初始意愿变化而变化，$E_3(0,1,0)$ 为唯一存在的演化稳定策略，见图3-4，可知情形1成立。

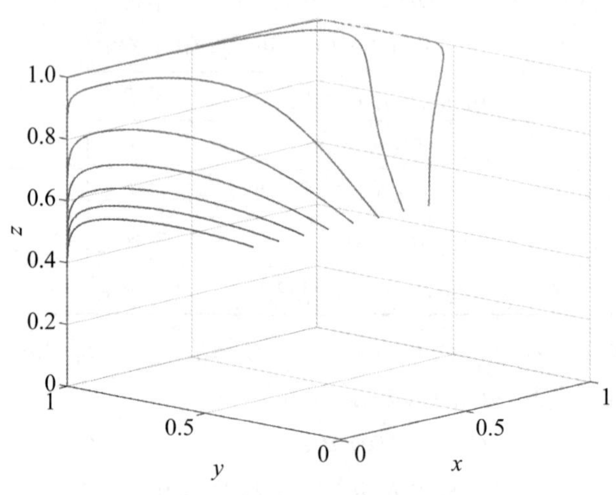

图3-4　系统策略演化趋势

在 E_3 基础上，E_6、E_8 在一定条件下可达到稳定，若满足条件⑤，此处假定通过减排技术的减排效果不够理想，令 $\theta=0.8$，可得演化博弈稳定趋势如图3-5所示，由图可知情形2成立，当存在两个演化稳定策略时系统的演化稳定受初始值影响。

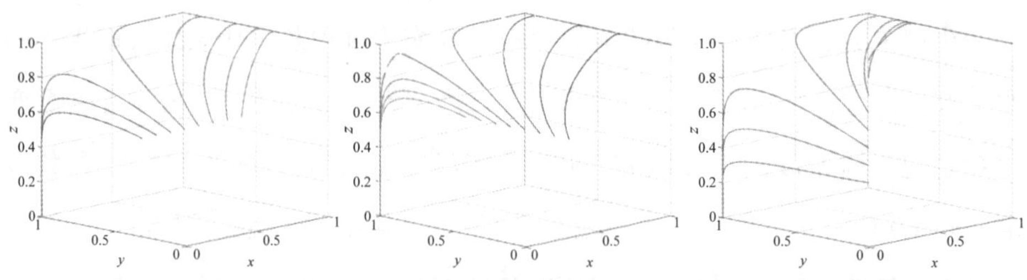

图3-5　系统演化稳定点随初始值变化影响（情形2）

在 E_3 的基础上，通过修改发达地区与欠发达地区达成合作共治后对迁出企业的利润抽成比例，令 $\theta=0.8$、$\eta=0.06$，让参数满足条件④，该系统的演化

稳定点将变为 E_3 和 E_6，且由图3-6的演化结果可知情形3成立。

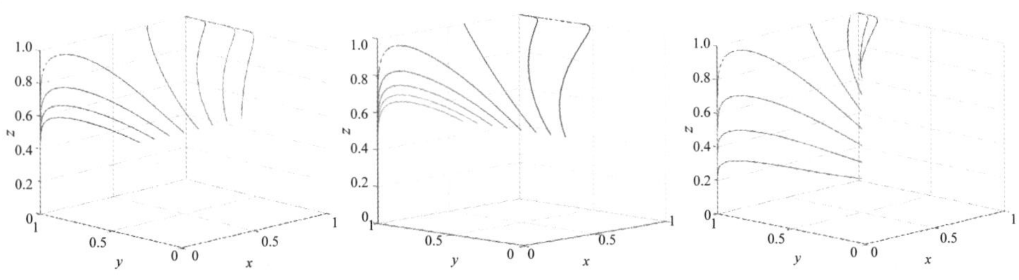

图3-6　系统演化稳定点随初始值变化影响（情形3）

3.5　本章小结

要解决跨区域环境污染的难题，必须建立有效的府际合作机制，加强地方政府推动区域环境协同治理的意识。通过形成欠发达地区与发达地区的合作共治为是否选择园区共建等方式进行产业承接，以及对于高污染的落后企业选择不承接，推动“三高”企业关停并改来改善社会整体环境效益。发达地区通过加大不同策略的减排技术补贴差异、环境规制力度等方式腾退产业低端化、污染密集型产业从而实现产业升级，推动欠发达地区对待承接的企业、项目进行筛选，建立符合新发展要求的甄别机制。只有当欠发达地区因地制宜承接企业迁移，拒绝承接高污染企业并推动其关停整改，淘汰高污染产能，倒逼产业结构绿色升级，才能合力实现发达地区产业转型升级与欠发达地区高质量发展的双赢，从而实现我国绿色可持续发展和增强区域协调性的目标。本书基于演化博弈理论，针对区域绿色升级问题中利益相关主体：发达地区、欠发达地区及排污企业构建了三方演化博弈模型，并对该系统模型的推导求解得到如何引导该系统发展向目标方向演化。

研究表明：(1）区域绿色发展中，在不考虑府际合作形式的研究中发现，不同发展程度的地方政府及当地企业为了实现自身利益最大，欠发达地区将会参与一定程度的合作实现高污染、高排放企业的减排技术升级，从而减少排污总量有增无减、“污染天堂”等污染溢出现象。发达地区可通过缩小减排技术补贴差异，提高“凤凰涅槃”情形下府际合作策略组合的稳定性。（2）在考虑府际合作方式的扩展研究中发现，相对于没有府际合作的情形1，加入合作共建及利益共享模式的府际合作下各地区的行动策略除了受原有因素影响外，还会为合作成本及利益共享比例设定所影响。同时，发达地区选择“腾笼换鸟”策略时的理想策略在一定条件下可趋于演化稳定。（3）潜在迁入发达地区的“新鸟”排污水平或税收水平较“老鸟”越好，或中央对发达地区的环境治理要求越高，发达地区越倾向于“腾笼换鸟”，此时可通过与欠发达地区合作共建园区等方式促进企业迁移合规。其中，欠发达地区是否选择合作共治与待承接企业所带来的生态损害成本紧密相关。另外，中央政府也可以通过建立生态联动绩效奖励机制、完善信息共享机制等方式强化府际合作积极性。（4）总体而言，该系统的演化趋势很大程度上受到参与方的初始策略影响，两种府际合作关系在一定条件下可达到稳定状态。

综上，对于区域协同发展问题提出以下建议：（1）为了避免恶性环境规制竞争，应该充分考虑府际间合作的成本及方式对不同发展程度的地方政府绿色协同发展意愿的影响。（2）中央政府在该问题上可通过增加环境治理压力、健全生态联动治理奖励机制，推动高污染产业通过减排技术升级合规实现根本性的区域绿色升级，减少污染转移扩散。（3）地方政府在进行绿色转型过程中，制定环境规制策略时应该充分考虑到当地企业的产业布局情况。各地区可以通过对于高污染、高排放的企业加大清洁技术、减排技术补贴力度，也可以通过加大对排污企业的监管力度，减少高排放企业试图通过区位迁移来实现合规的侥幸心理，从而推动区域协同绿色发展。（4）需要建立合理的利益共享机制、合作共建运营模式等府际合作模式来激励欠发达地区的合作意愿，如承接迁出企业或合力实现高污染企业的减排转型升级、腾退，从而实现区域整体层面的环境改善，推动实现区域长远利益最大化的协同发展。

第4章　环境规制下企业技术创新行为的微观机理分析

4.1 引　言

环境制度对区域环境效率的影响可以从企业技术提升和产业结构升级两方面来解释。波特假说认为环境保护和企业创新二者可以双赢，合理而灵活的环境规制能够激发企业的创新效能，促使企业优化资源配置，并且提升技术研发水平，最终提升企业生产率和竞争力。排污权交易制度作为一种重要的市场型规制工具，基于明确的市场价格信号，可以为企业在减排过程中提供较高的灵活性，能够使企业以最低成本实现污染控制的目标。在面临环境合规成本增加时，追求利润最大化的企业能更灵活地选择提高生产效率以降低生产成本，并最终减缓或抵消政府环境规制带来的成本压力（Albrizio S et al，2017；任胜钢 等，2019）。同时环境规制强度的提高（污染排放配额的减少），对产业群体是一种强制性“精洗”，通过优胜劣汰作用，最终驱动产业结构调整（原毅军 等，2014；Zang J et al，2020）。而这二者的关键都在于处于排污权交易市场的企业的均衡决策，一方面，企业可以通过技术创新来实现污染减排，同时通过排污权交易市场获得减排效益以保持适当的竞争力；另一方面，当减排成本过高时，排污权交易市场不仅不能激励企业减排，反而是作为重要的环境约束，极大增加企业的企业生产经营成本，企业产品利润不能抵消生产成本，最终只能退出市场，因此实现优胜劣汰的“精洗”过程。

本章从企业减排技术投资与生产经营的角度，分析排污权交易制度下企业的行为决策过程，从而探讨排污权交易制度影响环境效率的微观机理。具体的，本章首先构建一个企业生产经营的基本模型，在此基础上进一步研究单一技术选择和连续技术投资两种情形下的企业减排技术选择与产量决策，并分析作为排污权交易制度制定者的政府的最优决策水平，即如何确定最优的污染排放配额。在异质性企业视角下，分析排污权交易制度从影响单个企业行为到整个市场结构与环境效率变化的过程，为研究排污权交易制度对环境效率的影响提供微观理论基础。

4.2 基本模型

考虑一个统一的排污权交易市场，政府设定总的污染物排放配额 E 以及各企业的污染物排放配额 E_δ，当企业的污染物排放量大于其分配的配额时，必须在排污权交易市场以单位价格 p_e 购买一定数量的排污权，反之，则可以出售剩余排污权。企业生产过程中将排放一定的污染物，单位产品污染排放量为 δ，δ 分布在 $\left[\underline{\delta},\overline{\delta}\right]$ 区间上，累计分布函数为 $G(\delta)$，也就是说有重污染的企业（当 δ 比较大的时候），也有轻污染的企业（当 δ 比较小的时候），整个市场的平均排放水平为 $E(\delta)=\mu$，方差为 σ^2。虽然我们考虑了企业污染排放的异质性，但是产品市场的竞争情形没有进行特殊的假定，我们首先考虑垄断市场情形，也就是每个企业垄断了它所在的那个行业，线性需求函数下产品价格 $p_\delta=A-\beta q_\delta$，$A$ 代表产品最高可能价格，也就是当整个市场处于极度稀缺（$q=0$）的时候，产品的价格取值。显然 A 要大于企业的边际生产成本，因为如果 A 小于企业的边际生产成本，即使在极度稀缺的时候企业也不愿意进行生产，因为每生产一个产品都带来一定的损失。虽然，排污权交易市场为企业提供了一个更柔性的生产选择，即当排污权交易价格较高时，企业通过出售排污权配额获得的利润能抵消企业生产销售的亏损，从而实现盈利。通过后文的分析可知，此时企业的最优选择是不进行生产，而将所有配额卖出去，获得利润。根据国外和中国排污权交易市场建设实践，不论是基准法还是祖父法，都要考虑企业上一期的生产量或排放量，如果企业不进行生产，在新的配额分配方案中将不会获得配额，自然也会退出排污权交易市场，因此在一个均衡的排污权交易市场不会存在这种企业。假定 $A=\alpha+c$，c 为企业的边际生产成本，不考虑环境约束时企业的利润为正，也就是企业总是盈利的，因为利润为负的企业将退出市场，更不会参与排污权交易了。

参与排污权交易市场的企业利润函数为：

$$\pi_{\delta}^{0}=p_{\delta}q_{\delta}-cq_{\delta}+p_{e}(E_{\delta}-\delta q_{\delta}) \tag{4.1}$$

令 $\lambda_{\delta}=\delta p_{e}$，表示单位产品的排放成本，根据利润最大化的一阶条件得到最优生产量及利润：

$$q_{\delta}^{0*}=\begin{cases}\dfrac{\alpha-\lambda_{\delta}}{2\beta},\delta<\alpha/p_{e}\\ 0,\quad \delta\geqslant\alpha/p_{e}\end{cases} \tag{4.2}$$

$$\pi_{\delta}^{0*}=\begin{cases}\dfrac{(\alpha-\lambda_{\delta})^{2}}{4\beta}+p_{e}E_{\delta},\ \delta<\alpha/p_{e}\\ p_{e}E_{\delta},\quad \delta\geqslant\alpha/p_{e}\end{cases} \tag{4.3}$$

根据 $q_{\delta}^{0*}>0$ 可以得到此时企业进入与退出排污权交易市场的临界点为 $\delta_{1}=\alpha/p_{e}$，也即当 $\delta<\alpha<p_{e}$ 时，企业才会进入排污权市场，否则将退出排污权市场，同时也意味着将退出产品市场，虽然由于初始配额的存在，企业可以通过不生产，出售自己的全部配额来获得利润，但是同样基于前面的分析，不论是基准法还是祖父法，都要考虑企业上一期的生产量或排放量，如果企业不进行生产，在新的配额分配方案中将不会获得配额，自然也会退出排污权交易市场，所以本书认为 $\delta\geqslant\alpha/p_{e}$ 的企业会全部退出市场。通过公式（4.2）可以发现，企业的最优产量决策只与产品市场参数 α、β、排污权交易价格 p_{e} 以及污染排放系数 δ 相关，与获得的初始分配配额 E_{δ} 不相关。而且可以发现，由于排污权交易市场的存在，企业的最优生产量较没有排污权交易市场存在时要小 $\delta p_{e}/2\beta$，环境约束使得污染企业通过降低自身的产量以达到合规的要求。

除了通过调整产量来降低排污，企业还可以通过技术投资实现技术性减排，例如能够使用更清洁的能源或净化烟气来降低废气排放。假设选择减排技术水平 k，需要付出相应的减排成本 C_k，对应的单位产品污染排放量为 $\eta_k\delta$。设定 $C_k=\xi k^2$，$\eta_k=1-k$，$0<k<1$，其减排技术水平 k 的值越大减排水平越高，需要付出的成本也越高，二次函数形式的减排成本被大量文献运用（Kennedy，2002；Subramanian et al.，2007；Tong et al.，2019），反映了减排投资的收益递减性质。

4.3 单一技术选择情形

单一技术情形下（称该技术为新技术），在参与排污权交易市场时，企业的决策顺序是首先决定是否选择新技术，然后再确定自己的生产量以实现利润最大化；如果不论是否选择新技术企业都不能实现盈利，那么企业将退出市场。

企业采用新技术的利润函数为：

$$\pi_\delta^1 = p_\delta q_\delta - cq_\delta + p_e\left[E_\delta - (1-k)\delta q_\delta\right] - C_k I_{(q_\delta>0)}$$

其中 $C_k=\xi k^2$，I_x 是集合 X 上的0-1指示函数，为方便起见，令 $\eta=1-k$，则 η 表示新技术的排放系数，根据利润最大化的一阶条件得到最优生产量及利润：

$$q_\delta^{1*}=\begin{cases}\dfrac{\alpha-\eta\lambda_\delta}{2\beta}, & \delta<\alpha/\eta p_e\\ 0, & \delta\geqslant\alpha/\eta p_e\end{cases} \tag{4.4}$$

$$\pi_\delta^{1*}=\begin{cases}\dfrac{\left(\alpha-\eta\lambda_\delta\right)^2}{4\beta}+p_eE_\delta-\xi\left(1-\eta\right)^2, & \delta<\alpha/\eta p_e\\ p_eE_\delta, & \delta\geqslant\alpha/\eta p_e\end{cases} \tag{4.5}$$

根据公式（4.5）可知，减排成本 $C_k=\xi(1-\eta)^2$ 具有上界 $\alpha^2/4\beta+p_eE_\delta$，因为当它大于该值时，$\pi_\delta^{1*}$ 恒小于0（$\delta<\alpha/\eta p_e$）。根据 $q_\delta^{1*}>0$和 $\pi_\delta^{1*}\geqslant0$，可以得到采用新技术的企业进入与退出排污权交易市场的充要条件为：

$$\begin{cases}\delta<\delta_2, p_eE_\delta<\xi\left(1-\eta\right)^2<\dfrac{\alpha^2}{4\beta}+p_eE_\delta\\ \delta<\delta_3, \xi\left(1-\eta\right)^2\leqslant p_eE_\delta\end{cases} \tag{4.6}$$

其中 $\delta_2 = \alpha/\eta p_e - \sqrt{4\beta\left[\xi\left(1-\eta\right)^2 - p_e E_\delta\right]}\Big/\eta p_e$，$\delta_3 = \alpha/\eta p_e$。

可以发现，当 $C_k \geqslant \alpha^2(1-\eta)^2/4\beta + p_e E_\delta$ 时，恒有 $\delta_2 \leqslant \alpha/p_e$，此时相比于不采用新技术，采用新技术将会使一部分企业退出市场，只有当 $C_k \leqslant \alpha^2(1-\eta)^2/4\beta + p_e E_\delta$ 时，才会有更多的企业留在市场中。

4.3.1　企业的技术选择行为

令 $\Delta(\lambda_\delta \mid \eta, p_e)$ 为选择新技术和不选择新技术的最优利润之差：

$$\Delta(\lambda_\delta|\eta, p_e) = \pi_\delta^{1*} - \pi_\delta^0 = \begin{cases} \dfrac{(\lambda_\delta - \eta\lambda_\delta)(2\alpha - \lambda_\delta - \eta\lambda_\delta)}{4\beta} - \xi\left(1-\eta\right)^2, \delta < \alpha/p_e \\ \dfrac{(\alpha - \eta\lambda_\delta)^2}{4\beta} - \xi\left(1-\eta\right)^2, \quad \alpha/p_e < \delta \leqslant \alpha/\eta p_e \\ 0, \quad \delta > \alpha/\eta p_e \end{cases} \tag{4.7}$$

根据公式（4.7）可以假定 $\overline{\delta} \leqslant \alpha / \eta p_e$，因为如果 $\overline{\delta} > \alpha/\eta p_e$ 则企业选择新技术与不选择新技术之间没有差别，且都不会进行生产，因此不予考虑，同时假定 $\overline{\delta} > \alpha/p_e$。

则当 $\Delta(\lambda_\delta \mid \eta, p_e, E_\delta) > 0$ 时，企业将选择新技术。对于 $\delta < \alpha/p_e$，可通过求解关于 λ_δ 的二次方程 $(\eta^2-1)\lambda_\delta^2 + 2\alpha(1-\eta)\lambda_\delta - 4\beta\xi(1-\eta)^2 = 0$，得到企业选择新技术的临界点。该方程存在两个正的实根：

$$\lambda^* = \frac{\alpha \pm \sqrt{\alpha^2 - 4\beta\xi\left(1-\eta^2\right)}}{1+\eta} = \gamma_{1,2} = \delta p_e。$$

定理1　不同情况下企业选择新技术的条件：

（1）如果 $\alpha \geqslant \sqrt{4\beta\xi}$，

当 $\begin{cases} \underline{\delta} < \delta < \lambda_1 / p_e \\ \lambda_3 / p_e < \delta < \overline{\delta} \end{cases}$ 时 $\Delta(\lambda_\delta \mid \eta, p_e, E_\delta) < 0$，此时企业不会选择新技术；

当 $\lambda_1/p_e < \delta < \lambda_3/p_e$ 时 $\Delta(\lambda_\delta \mid \eta, p_e, E_\delta) > 0$，此时企业选择新技术。

（2）如果 $\alpha < \sqrt{4\beta\xi}$，

①当 $0 < \eta < \sqrt{1-\alpha^2/4\beta\xi}$ 时，$\Delta(\lambda_\delta \mid \eta, p_e, E_\delta) < 0$ 恒成立，此时任何企业都

不会选择新技术。

②当 $\sqrt{1-\alpha^2/4\beta\xi}<\eta<1$ 时，

如果 $\begin{cases}\underline{\delta}<\delta<\lambda_1/p_e\\ \lambda_2/p_e<\delta<\overline{\delta}\end{cases}$ 则 $\Delta(\lambda_\delta\,|\,\eta,p_e,E_\delta)<0$，此时企业不会选择新技术；

如果 $\lambda_1/p_e<\delta<\lambda_2/p_e$ 则 $\Delta(\lambda_\delta\,|\,\eta,p_e,E_\delta)>0$，此时企业选择技术；

其中：$\lambda_{1,2}=\dfrac{\alpha\pm\sqrt{\alpha^2-4\beta\xi\left(1-\eta^2\right)}}{1+\eta}(\lambda_1<\lambda_2)$，$\lambda_3=\dfrac{\alpha-\sqrt{4\beta\xi}\left(1-\eta\right)}{\eta}$。

证明：

（1）如果 $\alpha^2\geqslant4\beta\xi$，则 $\alpha^2\geqslant4\beta\xi(1-\eta)$ 恒成立，此时，方程

$$\frac{(\lambda_\delta-\eta\lambda_\delta)(2\alpha-\lambda_\delta-\eta\lambda_\delta)}{4\beta}-\xi(1-\eta)=\frac{-\left(1-\eta^2\right)\lambda_\delta+2\alpha(1-\eta)\lambda_\delta-4\beta\xi(1-\eta)}{4\beta}=0$$

有两个正的实根：

$\lambda_{1,2}=\dfrac{\alpha\pm\sqrt{\alpha^2-4\beta\xi\left(1-\eta^2\right)}}{1+\eta}$，令 $\lambda_1<\lambda_2$，当 $\lambda<\lambda_1$ 或 $\lambda>\lambda_2$ 时，$\Delta(\eta,p_e,E_\delta)<0$。显然 $\lambda_1<\dfrac{\alpha}{1+\eta}<\alpha$，因此 $\lambda_1/p_e<\alpha/p_e$，所以当 $\delta<\lambda_1/p_e$ 时，$\Delta(\eta,p_e,E_\delta)<0$。

并且 $\lambda_2-\alpha=\dfrac{-\alpha\eta}{1+\eta}+\dfrac{\sqrt{\alpha^2-4\beta\xi\left(1-\eta^2\right)}}{1+\eta}$，由于 $\alpha^2\eta^2-\sqrt{\alpha^2-4\beta\xi\left(1-\eta^2\right)}^2=(4\beta\xi-\alpha^2)(1-\eta^2)$，所以此时 $\lambda_2-\alpha\geqslant0$。

故对于 $\delta<\alpha/p_e$，如果 $\lambda_1/p_e<\delta<\alpha/p_e\lambda_2$，则 $\Delta(\lambda_\delta\,|\,\eta,p_e,E_\delta)>0$。

对于 $\alpha/p_e<\delta<\alpha/\eta p_e$，令 $\dfrac{(\alpha-\eta\lambda_\delta)^2}{4\beta}-\xi(1-\eta)^2>0$，可得 $\lambda<\dfrac{\alpha-\sqrt{4\beta\xi}(1-\eta)}{\eta}=\lambda_3$，且 $\lambda_3-\alpha=\left(\alpha-\sqrt{4\beta\xi}\right)(1-\eta)/\eta\geqslant0$，即当 $\alpha/p_e<\delta<\alpha/\eta p$ 时，$\Delta(\eta,p_e,E_\delta)<0$。

综上得证（1）。

（2）如果 $\alpha^2<4\beta\xi$，

①当 $\sqrt{1-\alpha^2/4\beta\xi}<\eta<1$ 时，对于 $\delta<\alpha/p_e$，此时，方程

$$\frac{(\lambda_\delta-\eta\lambda_\delta)(2\alpha-\lambda_\delta-\eta\lambda_\delta)}{4\beta}-\xi(1-\eta)=\frac{-\left(1-\eta^2\right)\lambda_\delta+2\alpha(1-\eta)\lambda_\delta-4\beta\xi(1-\eta)}{4\beta}=0$$

没有实根，且 $-(1-\eta^2)<0$，所以 $\Delta(\lambda_\delta|\eta,p_e,E_\delta)$ 恒小于0。

对于 $\alpha/p_e<\delta<\alpha/\eta p_e$，由第（1）点可知，当 $\delta<\lambda_3/p_e$ 时 $\Delta(\lambda_\delta|\eta,p_e,E_\delta)>0$，但此时 $\lambda_3-\alpha=\left(\alpha-\sqrt{4\beta\xi}\right)(1-\eta)\big/\eta<0$，显然不满足 $\alpha/p_e<\delta<\alpha/\eta p_e$ 的条件，所以 $\Delta(\lambda_\delta|\eta,p_e,E_\delta)$ 恒小于0。

综上可知，当 $\alpha^2<4\beta\xi$ 时，恒有 $\Delta(\lambda_\delta|\eta,p_e,E_\delta)<0$。

②当 $0<\eta<\sqrt{1-\alpha^2/4\beta\xi}$ 时，根据前面的推导可知，$\lambda_2<\alpha$ 且 $\lambda_3<\alpha$，所以当 $\lambda_1/p_e<\delta<\lambda_2/p_e$ 时，$\Delta(\eta,p_e,E_\delta)>0$，否则 $\Delta(\eta,p_e,E_\delta)<0$。

综上，定理1得证。

定理1给出了不同情况下企业选择新技术的条件，可以看出企业是否选择新技术受减排效果和减排成本的双重影响。如果 $\alpha^2<4\beta\xi$，即使 η 较小也就是新技术带来的减排效果较明显，但由于减排成本呈二次形式的增加，企业均不会选择新技术；当 η 大于某个阈值后，企业会根据自身条件选择是否采用新技术。有意思的是并不是污染越严重（δ 较大）或污染水平越低（δ 较小）的企业越会选择新技术，而是污染程度处于中间水平（$\lambda_1/p_e<\delta<\lambda_2/p_e$ 或 $\lambda_1/p_e<\delta<\lambda_3/p_e$）的企业更倾向选择新技术。当企业污染水平过高（$\lambda>\alpha/\eta p_e$）时新技术将不能帮助企业达到污染减排与企业盈利之间的平衡，只能淘汰退出市场。图4-1、图4-2和图4-3可视化展示了定理1的主要结果。图4-1显示的是 $\alpha^2\geqslant4\beta\xi$ 的情形1，此时 $\alpha/p_e=5<\lambda_2/p_e=6.625\ 4<\lambda_3/p_e=8.257\ 4$，所以采用新技术的企业区间为 $[\lambda_1/p_e,\alpha/p_e]\cup[\alpha/p_e,\lambda_3/p_e]=[\lambda_1/p_e,\lambda_3/p_e]=[0.517\ 5,8.257\ 4]$。图4-2显示了 $\alpha^2<4\beta\xi$ 且 $0<\eta<\sqrt{1-\alpha^2/4\beta\xi}$ 的情形2，也就是减排成本较大时，可以看出此时采用新技术带来的利润 π_δ^{1*} 会一直小于不采用新技术带来的利润 π_0^*，所以所有的企业都不会选择新技术。图4-3显示了 $\alpha^2<4\beta\xi$ 且 $\sqrt{1-\alpha^2/4\beta\xi}<\eta<1$ 的情形3，此时 $\lambda_2/p_e=7.019\ 9<\alpha/p_e=8$，$\lambda_3/p_e=7.236\ 4<\alpha/p_e=8$，所以在 $\delta>\alpha/p_e$ 时，不采用新技术带来的利润总是大于采用新技术带来的利润，故只需比较 $\delta<\alpha/p_e$ 时采用新技术与不采用新技术二者的利润

差别，可见在$\lambda_1/p_e=3.646\ 8<\delta<\lambda_2/p_e=4.399\ 7$时，采用新技术带来的利润更高。

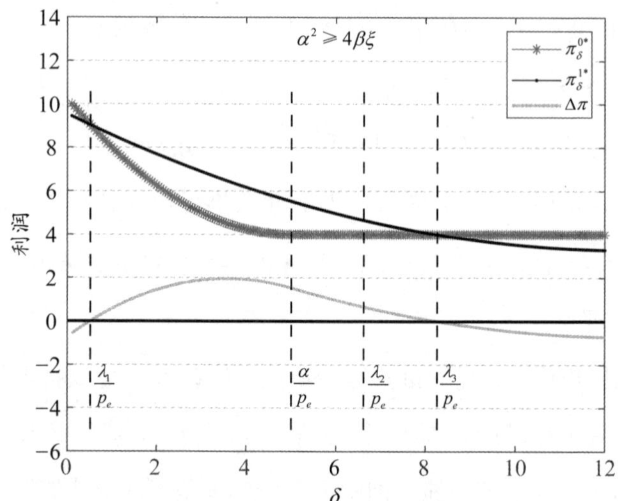

图4-1　情形1企业利润之差

（$\alpha=10, \beta=4, E_\delta=2, p_e=2, [\underline{\delta}, \bar{\delta}]=[0.1,12], \xi=2, \eta=0.4$）

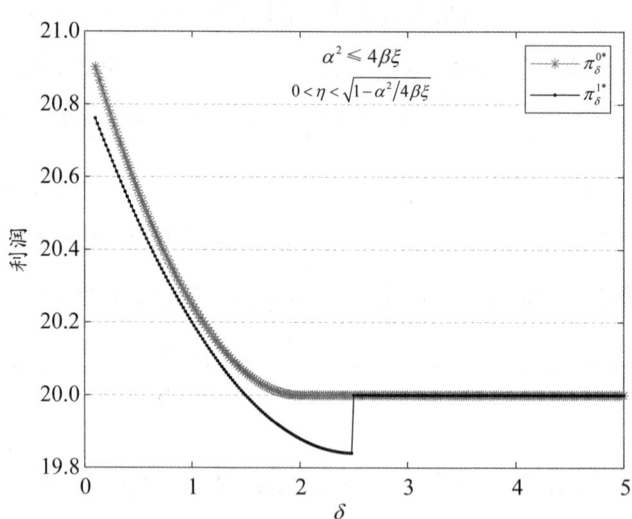

图4-2　情形2企业利润之差

（$\alpha=4, \beta=4, E_\delta=10, p_e=2, [\underline{\delta}, \bar{\delta}]=[0.1,5], \xi=4, \eta=0.8$）

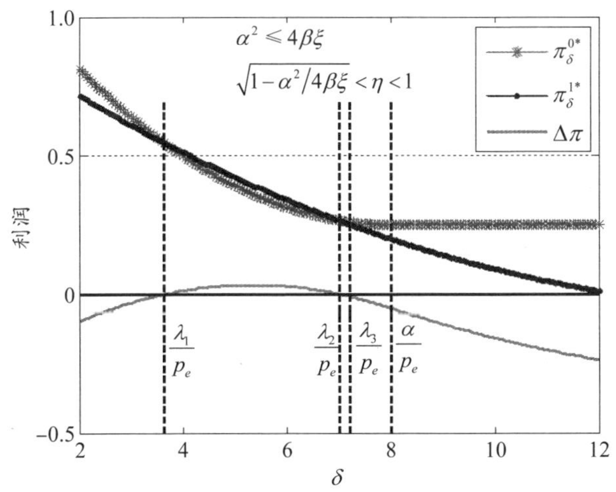

图4-3 情形3企业利润之差

（$\alpha=4, \beta=4, E_\delta=0.5, p_e=0.5, [\underline{\delta}, \overline{\delta}]=[2,12], \xi=1.2, \eta=0.5$）

4.3.2 新技术对整个产品市场和排污市场的影响

通过定理1给出的企业选择新技术的条件，可以进一步分析新技术对整个产品市场和排污市场的影响。直觉上来说，新技术使企业的单位产品的排污量减少，可以降低企业的减排成本，增加企业的竞争力，所以新技术会使得企业产量的增加，同时增加的产量有可能带来总的排污量增加。虽然单位产品排污量减少了，但产品总量增加了，所以排污总量也可能增加。在不同的技术选择下企业的产量与排放量存在差异，根据排污权交易市场出清条件 $E=E_Q$（总的排放量等于总的排放配额），可以建立排污权交易价格与总的排放配额之间的联系。

在分析污染物排放量总量的性质时，需要如下引理做支撑：

引理1 $\delta_2 > \lambda_3/p_e > \lambda_2/p_e > \alpha/p_e$。

证明：首先，显然 δ_2 是关于 E_δ 递增的函数，且 $\delta_2|_{E_\delta=0}=\dfrac{\alpha}{\eta p_e}-\dfrac{\sqrt{4\beta\xi}(1-\eta)}{\eta p_e}=\lambda_3/p_e$，所以 $\delta_2 > \lambda_3/p_e$。下面证明 $\lambda_3/p_e > \lambda_2/p_e$。$\lambda_3$ 减去 λ_2 得到：

$$\lambda_3-\lambda_2=\frac{\alpha}{\eta(1+\eta)}-\frac{(1-\eta^2)\sqrt{4\beta\xi}+\eta\sqrt{\alpha^2-4\beta\xi(1-\eta^2)}}{\eta(1+\eta)}$$。

令 $h_1=\alpha-(1-\eta^2)\sqrt{4\beta\xi}$，$h_2=\eta\sqrt{\alpha^2-4\beta\xi(1-\eta^2)}$，则有

$$h_1^2-h_2^2=(1-\eta^2)\alpha^2+(1-\eta^2)4\beta\xi-2\alpha(1-\eta^2)\sqrt{4\beta\xi}=(1-\eta^2)\left(\alpha-\sqrt{4\beta\xi}\right)^2>0$$

所以 $h_1>h_2$，即 $\lambda_3>\lambda_2$。

证明得证。

引理1说明不存在一个企业选择了新技术后又离开市场，因为结合定理1，选择新技术的企业处在区间 $[\lambda_1/p_e,\lambda_2/p_e]$ 或 $[\lambda_1/p_e,\lambda_3/p_e]$ 上，由于对于选择新技术的企业离开市场的条件是 $\delta>\delta_2$ 或 $\delta>\delta_3$，且 $\delta_3>\delta_2$ 恒成立，所以选择新技术的企业必定会留在市场中。再根据定理1可知，当 $\alpha^2<4\beta\xi$ 且 $\sqrt{1-\alpha^2/4\beta\xi}<\eta<1$ 时，企业不会选择新技术，总的排放量

$$E_0=\int_{\underline{\delta}}^{\bar{\delta}}g(\delta)\delta q_\delta^{0*}\mathrm{d}\delta=\frac{\alpha\mu-(\sigma^2+\mu^2)p_e}{2\beta} \tag{4.8}$$

当 $\alpha^2<4\beta\xi$ 且$0<\eta<\sqrt{1-\alpha^2/4\beta\xi}$ 时，总的排放量

$$\begin{aligned}E&=\int_{\underline{\delta}}^{\lambda_1/p_e}g(\delta)\delta q_\delta^{0*}\mathrm{d}\delta+\eta\int_{\lambda_1/p_e}^{\lambda_2/p_e}g(\delta)\delta q_\delta^{*}\mathrm{d}\delta+\int_{\lambda_2/p_e}^{\bar{\delta}}g(\delta)\delta q_\delta^{0*}\mathrm{d}\delta\\&=E_0+\eta\int_{\lambda_1/p_e}^{\lambda_2/p_e}g(\delta)\delta q_\delta^{*}\mathrm{d}\delta-\int_{\lambda_1/p_e}^{\lambda_2/p_e}g(\delta)\delta q_\delta^{0*}\mathrm{d}\delta\end{aligned} \tag{4.9}$$

令 $E_1=(1-\eta)\int_{\lambda_1/p_e}^{\lambda_2/p_e}g(\delta)\delta\frac{(1+\eta)\delta p_e-\alpha}{2\beta}\mathrm{d}\delta$，则 $E=E_0+E_1$。

同理，当 $\alpha^2\geqslant4\beta\xi$ 时，总的排放量

$$E=E_0+E_1 \tag{4.10}$$

其中 $E_1=(1-\eta)\int_{\lambda_1/p_e}^{\lambda_3/p_e}g(\delta)\delta\frac{(1+\eta)\delta p_e-\alpha}{2\beta}\mathrm{d}\delta$。

E_1 表示新技术给整个行业或区域带来的污染排放变化，我们关心 E_1 是否小于0以及它的某些性质，E_1 小于0说明新技术确实带来总的污染排放量的减少，E_1 大于0说明新技术尽管可以降低单位产品污染排放的降低，但是不会降低总

的排放量。一般来说 E_1 可以分为两部分，一部分是新技术带来的减排量，另一部分是新技术带来的排放增加量。当企业的排放系数较大（$\delta > \dot{\delta} = \alpha/p_e(1+\eta)$）时，尽管新技术可以降低单位产品的污染物排放量，但是因为产量增加了，抵消了单位排放减少带来的效益，总的排放量因此而增加。新技术覆盖范围 $N_{\delta\in[\lambda_1/p_e,\ \lambda_2/p_e]}=(\lambda_2-\lambda_1)/p_e$ 随着 p_e 的增大而减小，因此其中高排放企业的类型也会随着 p_e 的增大而减小[①]，但低排放企业是否能够抵消这部分企业总的排放量增加需要进一步分析。

命题1　新技术对排污量影响：

（1）$E_1>0$

（2）$\partial E/\partial p_e<0$，$\partial E_0/\partial p_e<0$，$\partial E_1/\partial p_e<0$；

（3）新技术排放系数对污染物排放量的影响如下：

①当 $\alpha \geqslant \sqrt{4\beta\xi}$ 时，$\partial E_1/\partial \eta<0$；

②当 $\alpha<\sqrt{4\beta\xi}$ 且 $\sqrt{1-\alpha^2/4\beta\xi}<\eta<1$ 时，存在 $\hat{\eta}$，如果 $\eta<\hat{\eta}$ 则 $\partial E_1/\partial \eta>0$；如果 $\eta>\hat{\eta}$ 则 $\partial E_1/\partial \eta<0$。

证明见附录。

命题1说明新技术的引进虽然可以降低单位产品的排污量，但由于整个市场的产量上升，从而增加了整个市场的污染物排放量，不过这个增加量随着排污权交易价格的增加而减小。当产品的最大可能收益 α 较大时，随着新技术的排放系数的增加污染排放量变小，但是当产品的最大可能收益 α 不大，污染排放量随新技术的排放系数先增加后减小。即使考虑更一般的帕累托分布 $G(\delta)=\delta^{\theta}$（Chaney，2008；Helpman et al.，2004；Qiu et al.，2018），这种性质也不变（见图4-4和图4-5）。

① $N_{\delta\in[\dot{\delta},\lambda_2/p_e]}=\lambda_2/p_e-\dot{\delta}=(\lambda_2-\lambda_1)/2p_e=N_\delta/2$。

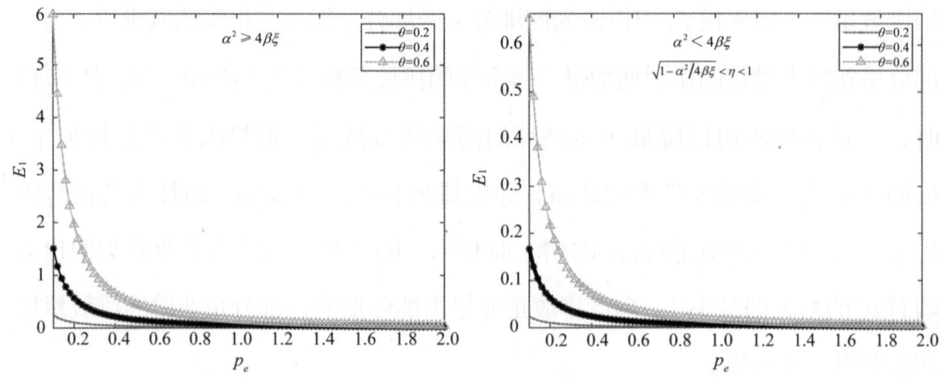

图4-4　污染排放量随 $\boldsymbol{p_e}$ 的变化情况

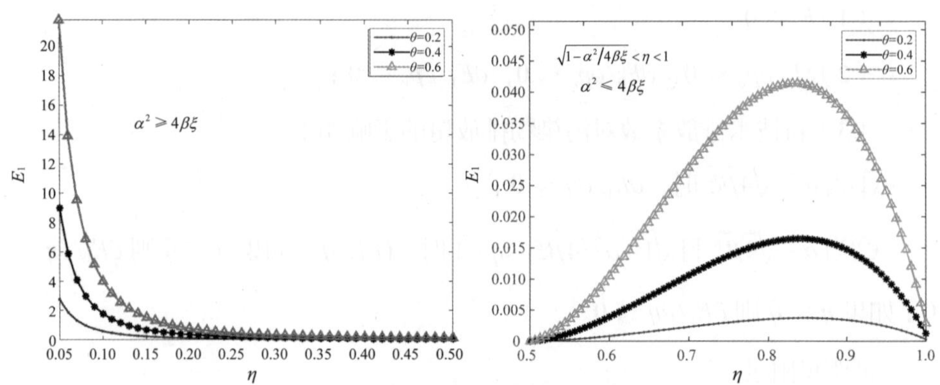

图4-5　污染排放量随 $\boldsymbol{\eta}$ 的变化情况

命题1描述了新技术条件下整个市场排污量的内在变化趋势，可以看到单位产品排污量的减少不能抵消技术红利带来的产量增加所导致的排污量增量，所以在制定排污权交易机制时，需要充分考虑这种新技术产生的负面效应，也就是总的排污权配额并不是简单地因为新技术能降低排污量而减少，要结合产品市场的情况进行综合分析，否则排污权市场失衡，排污权市场的作用将大大降低。同时根据排污权市场出清时 $E=E_Q$ 和命题1的第（2）点可以得出市场均衡价格与总的排污权配额之间的变动关系，也就是推论1：

推论1　排污权市场的均衡价格随排污权配额总量的增加而减少，也就是 $dp_e/dE_Q < 0$。

进一步，分析新技术给产品市场带来的影响。

当 $\alpha^2 < 4\beta\xi$ 且 $\sqrt{1-\alpha^2/4\beta\xi} < \eta < 1$ 时，

总的产量 $Q_0 = \int_{\underline{\delta}}^{\overline{\delta}} g(\delta) q_{\delta}^{0*} \mathrm{d}\delta = \int_{\underline{\delta}}^{\overline{\delta}} g(\delta) \dfrac{\alpha - \delta p_e}{2\beta} \mathrm{d}\delta = \dfrac{\alpha - \mu p_e}{2\beta}$ 。

当 $\alpha^2 < 4\beta\xi$ 且 $0 < \eta < \sqrt{1-\alpha^2/4\beta\xi}$ 时，总的产量 $Q = Q_0 + Q_1$

其中 $Q_1 = \int_{\lambda_1/p_e}^{\lambda_2/p_e} g(\delta) q_{\delta}^{*} \mathrm{d}\delta - \int_{\lambda_1/p_e}^{\lambda_2/p_e} g(\delta) q_{\delta}^{0*} \mathrm{d}\delta$ 。

当 $\alpha^2 > 4\beta\xi$ 时，$Q = Q_0 + Q_1$

其中 $Q_1 = \int_{\lambda_1/p_e}^{\lambda_3/p_e} g\left(\delta\right) q_{\delta}^{*} \mathrm{d}\delta - \int_{\lambda_1/p_e}^{\lambda_3/p_e} g\left(\delta\right) q_{\delta}^{0*} \mathrm{d}\delta$ 。

Q_1 表示新技术条件下，产品市场总产量的变化量，同样地，本书主要关注 Q_1 是否小于0以及它的某些性质。类似于命题1，总产量与排污权交易价格和新技术排放系数的关系有如下命题：

命题2　新技术对产量的影响：

（1）$Q_1 > 0$；

（2）$\partial Q/\partial p_e < 0$，$\partial Q_0/\partial p_e < 0$，$\partial Q_1/\partial p_e < 0$；

（3）新技术排放系数对总产量的影响如下：

①当 $\alpha \geqslant \sqrt{4\beta\xi}$ 时，$\partial Q_1/\partial \eta < 0$；

②当 $\alpha \quad \sqrt{\ \beta\xi}$ 且 $\sqrt{1-\alpha^2/4\beta\xi} < \eta < 1$ 时，存在 $\tilde{\eta}$，如果 $\eta < \tilde{\eta}$ 则 $\partial Q_1/\partial \eta > 0$；如果 $\eta > \tilde{\eta}$ 则 $\partial Q_1/\partial \eta < 0$。

证明见附录。

命题2说明了新技术的引进能增加整个市场的总产量（$Q_1 > 0$），但是该增量随排污权交易价格的增加而减少，当产品的最大可能收益 α 较大时，随着新技术的排放系数的增加总产量变小，但是当产品的最大可能收益 α 不大，总产量随新技术的排放系数先增加后减小。同样地，即使考虑更一般的帕累托分布 $G(\delta) = \delta^{\theta}$，这种性质也不变（见图4-6和图4-7）。

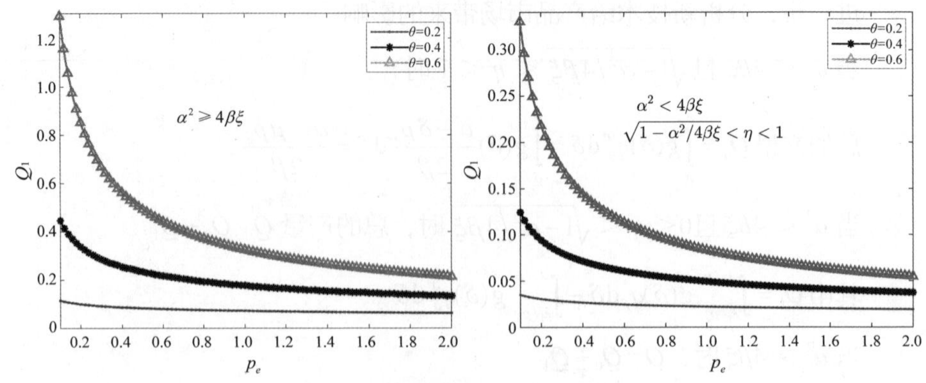

图4-6　总产量随 p_e 的变化情况

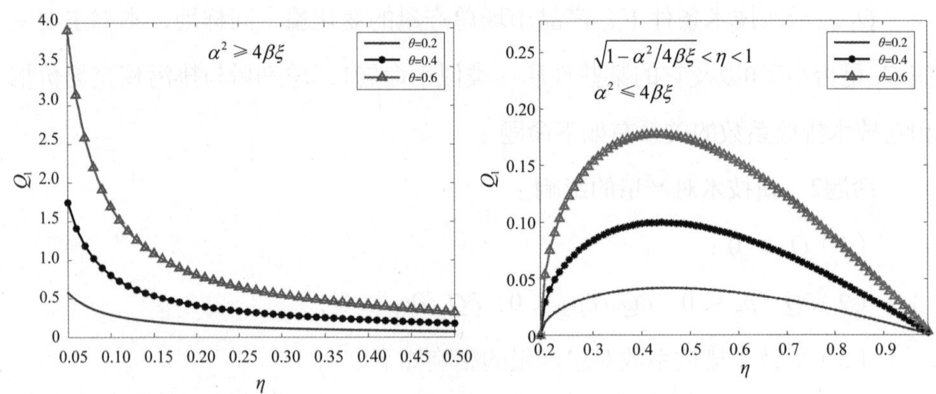

图4-7　总产量随 η 的变化情况

4.3.3　社会福利

政府的目的是通过决定排放配额总量来最大化社会福利，参照 Krass 等（2013）和 Shinkuma 等（2016）等的研究，本书将社会福利分为三部分，即消费者剩余、企业利润之和以及环境影响：

$$SW = \int_{\underline{\delta}}^{\overline{\delta}} u(q_\delta) - p_\delta q_\delta \mathrm{d}\delta + \int_{\underline{\delta}}^{\overline{\delta}} \pi(q_\delta) \mathrm{d}\delta - D(E) \tag{4.11}$$

其中，$u(q_\delta)=\alpha_0 q_\delta - \beta q_\delta^2/2$ 表示消费者效用，根据效用最大化原理，有逆需求函数：

$$p_\delta = u'(q_\delta) = \alpha_0 - \beta q_\delta \tag{4.12}$$

$D(E)=1/2\gamma E^2$ 为环境损害，其中：

$$E=\int_{\delta\in\Omega}\delta q_\delta\mathrm{d}\delta+\int_{\delta\in\Psi}\eta\delta q_\delta\mathrm{d}\delta \tag{4.13}$$

E 表示总的污染排放量，在市场出清条件下 $E=E_\delta$，Ω 表示所有没有选择新技术的企业集合，Ψ 表示所有选择了新技术的企业集合。

企业总的利润为：$\int_{\underline{\delta}}^{\bar{\delta}}\pi(q_\delta)\mathrm{d}q_\delta=\int_{\underline{\delta}}^{\bar{\delta}}p_\delta q_\delta-cq_\delta+p_e(E_\delta-e_\delta)-C_k\mathrm{d}q_\delta$

其中，e_δ 为企业 δ 的实际排放量，根据定理1给定的不同条件，$e_\delta=\delta q_\delta$ 或 $\eta\delta q_\delta$。由排污权交易市场供给平衡条件 $\int_{\underline{\delta}}^{\bar{\delta}}p_e(E_\delta-e_\delta)\mathrm{d}q_\delta=0$，可得：

$$\int_{\underline{\delta}}^{\bar{\delta}}\pi(q_\delta)\mathrm{d}q_\delta=\int_{\underline{\delta}}^{\bar{\delta}}p_\delta q_\delta-cq_\delta-C_k\mathrm{d}q_\delta \tag{4.14}$$

综合公式（4.11）、（4.12）、（4.13）和（4.14）可得：

$$\begin{aligned}\frac{\partial SW}{\partial E}&=\int_{\underline{\delta}}^{\bar{\delta}}\left[\frac{\partial u(q_\delta)}{\partial q_\delta}-\frac{\partial(p_\delta q_\delta)}{\partial q_\delta}\right]\frac{\partial q_\delta}{\partial E}\mathrm{d}\delta+\int_{\underline{\delta}}^{\bar{\delta}}\frac{\partial\left(p_\delta q-cq_\delta-C\right)}{\partial q_\delta}\frac{\partial q_\delta}{\partial E}\mathrm{d}\delta-\\&\qquad\gamma E\left(\int_{\delta\in\Omega}\delta\frac{\partial q_\delta}{\partial E}\mathrm{d}\delta+\int_{\delta\in\Psi}\eta\delta\frac{\partial q_\delta}{\partial E}\mathrm{d}\delta\right)\\&=\int_{\underline{\delta}}^{\bar{\delta}}(p_\delta-c)\frac{\partial q_\delta}{\partial p_e}\frac{\partial p_e}{\partial E}\mathrm{d}\delta-\gamma E\left(\int_{\delta\in\Omega}\delta\frac{\partial q_\delta}{\partial p_e}\frac{\partial p_e}{\partial E}\mathrm{d}\delta+\int_{\delta\in\Psi}\eta\delta\frac{\partial q_\delta}{\partial p_e}\frac{\partial p_e}{\partial E}\mathrm{d}\delta\right)\\&=\int_{\delta\in\Omega}\delta p_e\frac{\partial q_\delta}{\partial p_e}\frac{\partial p_e}{\partial E}\mathrm{d}\delta+\int_{\delta\in\Psi}\eta\delta p_e\frac{\partial q_\delta}{\partial p_e}\frac{\partial p_e}{\partial E}\mathrm{d}\delta-\\&\qquad\gamma E\left(\int_{\delta\in\Omega}\delta\frac{\partial q_\delta}{\partial p_e}\frac{\partial p_e}{\partial E}\mathrm{d}\delta+\int_{\delta\in\Psi}\eta\delta\frac{\partial q_\delta}{\partial p_e}\frac{\partial p_e}{\partial E}\mathrm{d}\delta\right)\\&=(p_e-\gamma E)\left(\int_{\delta\in\Omega}\delta\frac{\partial q_\delta}{\partial p_e}\frac{\partial p_e}{\partial E}\mathrm{d}\delta+\int_{\delta\in\Psi}\eta\delta\frac{\partial q_\delta}{\partial p_e}\frac{\partial p_e}{\partial E}\mathrm{d}\delta\right)\end{aligned}$$

令 $\partial SW/\partial E=0$ 可得最优排放配额与排污权交易市场均衡价格之间的关系为 $p_e^*=\gamma E^*$，再结合公式（4.8）、（4.9）和（4.10）和命题1，即有如下定理：

定理2：最优排放配额与排污权交易市场均衡价格之间的关系为 $p_e^*=\gamma E^*$，且

①当 $\alpha<\sqrt{4\beta\xi}$ 且 $0<\eta<\sqrt{1-\alpha^2/4\beta\xi}$ 时，$E^*=\dfrac{\alpha\mu}{\gamma\left(\sigma^2-\mu^2\right)+2\beta}$，

$p_e^* = \dfrac{\gamma\alpha\mu}{\gamma\left(\sigma^2-\mu^2\right)+2\beta}$；

②当 $\alpha \geqslant \sqrt{4\beta\xi}$ 时，E^* 是方程

$\dfrac{\alpha\mu-\left(\sigma^2-\mu^2\right)\gamma E}{2\beta}+(1-\eta)\int_{\lambda_1/\gamma E}^{\lambda_2/\gamma E} g(\delta)\delta\dfrac{(1+\eta)\delta\gamma E-\alpha}{2\beta}\mathrm{d}\delta=0$ 的唯一正实根；

③当 $\alpha<\sqrt{4\beta\xi}$ 且 $\sqrt{1-\alpha^2/4\beta\xi}<\eta<1$ 时，E^* 是方程

$\dfrac{\alpha\mu-\left(\sigma^2-\mu^2\right)\gamma E}{2\beta}+(1-\eta)\int_{\lambda_1/\gamma E}^{\lambda_2/\gamma E} g(\delta)\delta\dfrac{(1+\eta)\delta\gamma E-\alpha}{2\beta}\mathrm{d}\delta=0$ 的唯一正实根。

4.4 连续技术投资情形

4.4.1 企业产量决策与减排技术决策

连续技术投资情形企业的利润函数与单一技术选择情形是一样的，只是此时企业的决策是同时决定最优的生产量 q^* 和技术水平 k^*：

$$\pi=pq-cq-\xi k^2+p_e[e-\delta(1-k)q] \tag{4.15}$$

$$\text{s.t. } 0\leqslant k\leqslant 1$$

首先分析无约束条件的最优解，对 π 进行一阶偏导得到：

$$\begin{cases}\dfrac{\partial\pi}{\partial q}=a-\beta Q-\beta q-p_e\delta(1-k)=0\\[2mm]\dfrac{\partial\pi}{\partial k}=-2\xi k+p_e\delta q=0\end{cases} \tag{4.16}$$

利用 $Q=\sum q_i$ 解得最优的生产量 q^* 和技术水平 k^*：

$$q^*=\frac{2\xi(\alpha-\lambda)}{2\xi(n+1)\beta-\lambda^2} \tag{4.17}$$

$$k^*=\frac{(\alpha-\lambda)\lambda}{2\xi(n+1)\beta-\lambda^2} \tag{4.18}$$

其中，$\lambda=\delta p_e$ 表示单位产品的污染排放成本。根据 K.K.T 条件可知原问题的最优解可能存在约束区域内，最优解对应公式（4.17）和（4.18），也有可能在约束条件的边界即 $k=0$或1处取得，本书重点分析内点解的情况，也就

是主要考虑最优解在约束区域内的情形，因为完全减排（$k=0$）或完全不减排（$k=0$）两种极端情形在现实世界都不太可能发生。同时令 $\lambda<\alpha$，这是因为 λ 表示每生产一个单位产品所需要付出惩罚成本，而 α 表示扣除了生产成本之后每生产一个单位产品可能获得的最大收益，显然只有当 $\alpha>\lambda$ 时企业才有生产的动力，再结合 $0<k^*<1$ 的约束条件，可知 $\lambda<\min\{\alpha, 2\xi(n+1)\beta/\alpha\}^4$。于是有如下命题：

命题3　（1）如果 $\alpha>\sqrt{2(n+1)\beta\xi}$，则

① $\partial k^*/\partial\lambda>0$；

②此时存在一个零界点 $\hat{\lambda}_1$，当 $\lambda<\hat{\lambda}_1$ 时 $\partial q^*/\partial\lambda<0$，当 $\lambda>\hat{\lambda}_1$ 时 $\partial q^*/\partial\lambda>0$；

（2）如果 $\alpha<\sqrt{2(n+1)\beta\xi}$，则

①此时存在一个临界点 $\hat{\lambda}_2$，当 $\lambda<\hat{\lambda}_2$ 时，$\partial k^*/\partial\lambda>0$；当 $\lambda>\hat{\lambda}_2$ 时 $\partial k^*/\partial\lambda<0$；

② $\partial q^*/\partial\lambda<0$；

（3）如果 $\alpha=\sqrt{2(n+1)\beta\xi}$，则 $\partial k^*/\partial\lambda\geqslant 0$，$\partial q^*/\partial\lambda\leqslant 0$。

其中

$\hat{\lambda}_1=\alpha-\sqrt{\alpha^2-2(n+1)\beta\xi}$

$\hat{\lambda}_2=\left\{2(n+1)\beta\xi-\sqrt{2(n+1)\beta\xi\left[2(n+1)\beta\xi-\alpha^2\right]}\right\}\Big/\alpha$。

证明：

对 k^* 关于 λ 求导得到

$$\frac{\partial k^*}{\partial\lambda}=\frac{\alpha\lambda^2-4\xi(n+1)\lambda\beta+2\xi(n+1)\alpha\beta}{\left[2\xi(n+1)\beta-\lambda^2\right]^2}$$

一元二次方程 $\alpha\lambda^2-4\xi(n+1)\lambda\beta+2\xi(n+1)\alpha\beta=0$ 的根的判别式为 $\Delta_1=8(n+1)\beta\xi[2(n+1)\alpha^2-2\xi(n+1)\beta]$，当 $\Delta_1>0$，该方程有两个不同的实根：

$$\hat{\lambda}_{2,4}=\frac{4\xi(n+1)\beta\pm\sqrt{\Delta}}{2\alpha}=\frac{2\xi(n+1)\beta\pm\sqrt{2\xi(n+1)\beta\left[2\xi(n+1)\beta-\alpha^2\right]}}{\alpha}$$

显然 $\hat{\lambda}_2<\min\{\alpha, 2\xi(n+1)\beta/\alpha\}$ 而 $\hat{\lambda}_4>\min\{\alpha, 2\xi(n+1)\beta/\alpha\}$。

对 q^* 关于 λ 求导得到

$$\frac{\partial q^*}{\partial \lambda}=\frac{-2\xi\lambda^2+4\xi\alpha\lambda-4\xi^2\left(n+1\right)\beta}{\left[2\xi\left(n+1\right)\beta-\lambda^2\right]^2}$$

一元二次方程 $-2\xi\lambda^2+4\xi\alpha\lambda-4\xi^2(n+1)\beta$ 的根的判别式为 $\Delta_2=16\xi^2[\alpha^2-2\xi(n+1)\beta]$，当 $\Delta_2>0$，该方程有两个不同的实根：

$\hat{\lambda}_{1,3}=\alpha\pm\sqrt{\alpha^2-2\xi(n+1)\beta}$，$\hat{\lambda}_1<\hat{\lambda}_3$。

显然 $\hat{\lambda}_1<\min\{\alpha, 2\xi(n+1)\beta/\alpha\}$ 而 $\hat{\lambda}_3>\min\{\alpha, 2\xi(n+1)\beta/\alpha\}$。

因此（1）当果 $\alpha>\sqrt{2\left(n+1\right)\beta\xi}$ 时，$\Delta_1<0$ 而 $\Delta_2>0$，故 $\partial k^*/\partial\lambda>0$，而当 $\lambda<\hat{\lambda}_1$ 时 $\partial q^*/\partial\lambda<0$，当 $\lambda>\hat{\lambda}_1$ 时 $\partial q^*/\partial\lambda>0$；

（2）当 $\alpha<\sqrt{2\left(n+1\right)\beta\xi}$ 时，$\Delta_1>0$ 而 $\Delta_2<0$，故 $\partial q^*/\partial\lambda<0$，而当 $\lambda<$ ˆ 时，$\partial k^*/\partial\lambda>0$；当 $\lambda>\hat{\lambda}_2$ 时 $\partial k^*/\partial\lambda<0$；

（3）当 $\alpha=\sqrt{2\left(n+1\right)\beta\xi}$ 时，有 $\Delta_1=0$ 且 $\Delta_2=0$，则 $\partial k^*/\partial\lambda\geqslant0$，$\partial q^*/\partial\lambda\leqslant0$。

命题3表明，当每单位产品最大可能收益 α 较大时，减排技术水平 k^* 随污染排放成本 λ 的增加而增加，最优生产量 q^* 随污染排放成本 λ 的增加先减小后增加。这是因为污染排放成本 λ 越高的话，对应通过减排从排污权市场获得的收益也会越大，因此更有减排的动力，所以减排技术水平 k^* 随污染排放成本的增加而增加。因为污染排放成本越来越高，企业正常操作是减少生产从而降低成本，但是可以通过投资减排来降低污染成本，所以在减排水平增加到一定程度后，产量也随之增加，从而导致最优生产量 q^* 随污染排放成本 λ 的增加先减小后增加。当每单位产品最大可能收益 α 不大时，减排技术水平 k^* 随污染排放成本 λ 先增加后减小，最优生产量 q^* 随污染排放成本的增加而减小。这是因为当 α 较小时，虽然企业可以通过降低产量提升减排水平来维持较高的利润，但是随着污染排放成本超过某个阈值，受限于单位产品收益不高，而减排成本又过高（二次函数形式递增），企业会降低自身减排技术水平。

与单一技术选择类似，命题3也表明连续技术投资情形下企业的最优减排技术投资和产量与企业本身的污染水平 δ 和排污权交易价格 p_e 不是简单的单调变化的关系，也就是说不是污染程度越高的企业或排污权交易价格越高，企业的减排技术水平和产量会相应越高或越低，企业的决策是由产品市场、减排成本和排污权市场等多方面因素综合的结果。在某些情况下，污染程度越高的企业反而减排意愿越低或生产意愿越强，因此在制定排污权交易制度时，需要充分考虑多方的因素。

4.4.2　最优排放配额与社会福利

社会福利形式与4.3.3类似，由消费者剩余、企业利润之和以及环境损害三部分构成：

$$SW = U(Q) - pQ + \sum\pi - D(E) \tag{4.19}$$

$CS = U(Q) - pQ$ 代表消费者剩余，其中，$U(Q) = aQ - \frac{1}{2}bQ^2$ 表示消费者效用，根据效用最大化原理，逆需求函数：

$$p = U'(Q) = a - bQ \tag{4.20}$$

结合排污权交易市场供给平衡条件 $\sum\left[e_i - \omega(1-k_i)q_i\right] = 0$，可得：

$$\sum\pi_i = \sum p_i q_i - cq_i - \xi k_i^2 \tag{4.21}$$

环境损害 $D(E) = 1/2\gamma E^2$。政府的决策是确定最优的排污权配额总量使社会福利最大。排污权市场有效的条件是在一个给定的排污权配额总量下市场能够达到均衡，价格机制充分发挥其调节需求和供给的作用。根据排污权市场出清条件即总的污染排放量等于排污权配额总量，也就是：

$$E = n\delta\left(1-k^*\right)q^* = 2n\delta\xi\left(\alpha-\lambda\right)\frac{2\xi\left(n+1\right)\beta - \alpha\lambda}{\left[2\xi\left(n+1\right)\beta - \lambda^2\right]^2} \tag{4.22}$$

命题4　$\partial E/\partial\lambda < 0$，当排污权配额总量处于 $E|_{\lambda=\tilde{\lambda}}$ 和 $\frac{\alpha n\delta}{(n+1)\beta}$ 之间时能够使排污权交易市场达到均衡，其中 $\tilde{\lambda} = \min\left\{a, 2(n+1)b\xi/\alpha\right\}$。

证明见附录。

命题4说明总的污染排放量与单位产品污染排放成本呈负向关系，联系到

λ 的定义，命题4也说明污染程度越高的行业受排污权市场的限制也越大，排污权交易价格越高，总的污染排放量越低。反过来也说明，排污权配额总量越低，由于商品的稀缺属性，排污权交易价格会越高。根据命题3和命题4有如下推论：

推论2 （1）如果 $\alpha > \sqrt{2(n+1)\beta\xi}$，则

① $\partial k^*/\partial E < 0$；

② 此时存在一个临界点 $\hat{E}_q$，当 $E < \hat{E}_q$ 时 $\partial q^*/\partial E < 0$，当 $E > \hat{E}_q$ 时 $\partial q^*/\partial E > 0$；

（2）如果 $\alpha < \sqrt{2(n+1)\beta\xi}$，则

① 此时存在一个临界点 $\hat{E}_k$，当 $E < \hat{E}_k$ 时，$\partial k^*/\partial E > 0$；当 $E < \hat{E}_k$ 时 $\partial k^*/\partial E < 0$；

② $\partial q^*/\partial E > 0$；

（3）如果 $\alpha = \sqrt{2(n+1)\beta\xi}$，则 $\partial k^*/\partial E < 0$，$\partial q^*/\partial E > 0$。

其中 $\hat{E}_i = 2n\omega\xi\left(\alpha - \hat{\lambda}_i\right)\dfrac{2\xi(n+1)\beta - \alpha\hat{\lambda}_i}{\left[2\xi(n+1)\beta - \hat{\lambda}_i^2\right]^2}, i = q, k$，$\hat{\lambda}_i$ 由命题3给出。

最后对社会福利函数关于 E 求一阶偏导化简后可以得到与定理2相似的结论，即：

定理3 最优排放配额与排污权交易市场均衡价格之间的关系为 $p_e^* = \gamma E^*$，即最优排放配额 E_{SW}^* 是方程 $E = 2n\delta\xi(\alpha - \delta\gamma E)\dfrac{2\xi(n+1)\beta - \alpha\delta\gamma E}{\left[2\xi(n+1)\beta - \delta^2\gamma^2E^2\right]^2}$ 的唯一解。

证明见附录。

另外还有如下命题：

命题5

（1）$\dfrac{\partial E_{SW}^*}{\partial \gamma} < 0$；

（2）存在 $\hat{\delta} = \sqrt{-1\Big/\dfrac{\partial g(\lambda)}{\partial \lambda}\gamma}$，当 $\delta < \hat{\delta}$ 时，$\dfrac{\partial E_{SW}^*}{\partial \delta} > 0$；当 $\delta > \hat{\delta}$ 时，$\dfrac{\partial E_{SW}^*}{\partial \delta} < 0$；

其中 $g(\lambda)=2n\xi(\alpha-\lambda)\dfrac{2\xi(n+1)\beta-\alpha\lambda}{\left[2\xi(n+1)\beta-\lambda^2\right]^2}$。

证明：

令 $F=\dfrac{\lambda}{\gamma\delta^2}-g(\lambda)$，由前面可知 $F=0$ 具有唯一根 λ^*_{SW}，则 $E^*_{SW}=\lambda^*_{SW}/\gamma\omega$。

又 $F_\gamma=-\dfrac{\lambda}{\gamma^2\delta^2},F_\omega=-\dfrac{2\lambda}{\gamma\delta^3}$，$F_\lambda=\dfrac{1}{\gamma\delta^2}-\dfrac{\partial g(\lambda)}{\partial\lambda}$，根据隐函数存在定理有 $\dfrac{\partial\lambda^*_{SW}}{\partial\delta}=-\dfrac{\partial F_\omega}{\partial F_\lambda},\dfrac{\partial\lambda^*_{SW}}{\partial\gamma}=-\dfrac{\partial F_\gamma}{\partial F_\lambda}$。根据命题2可知 $\dfrac{\partial g(\lambda)}{\partial\lambda}<0$，于是有：

（1）$\dfrac{\partial E^*_{SW}}{\partial\gamma}=\dfrac{\dfrac{\partial\lambda^*_{SW}}{\partial\gamma}\gamma\delta-\lambda^*_{SW}\delta}{\gamma^2\delta^2}=\dfrac{\lambda^*_{SW}}{\gamma^2\delta^2}\left[\dfrac{1}{1-\partial g(\lambda)/\partial\lambda\,\gamma\delta^2}-1\right]<0$。

（2）$\dfrac{\partial E^*_{SW}}{\partial\delta}=\dfrac{\dfrac{\partial\lambda^*_{SW}}{\partial\delta}\gamma\delta-\lambda^*_{SW}\gamma}{\gamma^2\delta^2}=\dfrac{\lambda^*_{SW}}{\gamma^2\delta^2}\left[\dfrac{2}{1-\partial g(\lambda)/\partial\lambda\,\gamma\delta^2}-1\right]$，令 $\dfrac{\partial E^*_{SW}}{\partial\delta}=0$ 得出 $\hat{\delta}=\sqrt{-1\Big/\dfrac{\partial g(\lambda)}{\partial\lambda}\gamma}$，当 $\delta<\hat{\delta}$ 时，$\dfrac{\partial E^*_{SW}}{\partial\omega}>0$；当 $\delta>\hat{\delta}$ 时，$\dfrac{\partial E^*_{SW}}{\partial\delta}<0$。

命题5说明一方面环境损害系数 γ 越大，最优的社会福利越小，这与直观感受是相符的，另一方面并不是污染排放系数 δ 越大最优的社会福利越小，而是存在一个临界值 $\hat{\delta}$，当 $\delta<\hat{\delta}$ 时最优的社会福利会增大，当 $\delta>\hat{\delta}$ 时最优的社会福利会减小。这可能是因为当污染排放系数不是很大时，企业可以通过技术投资与产量的联合调整实现减排与增产，从而增加社会福利，但是当企业自身污染水平过高时，即使技术减排也不能提升整体的社会福利。

根据推论2可以知道，当 $\alpha<\sqrt{2(n+1)\beta\xi}$ 时，存在一个最优的排放配额总量 $E^*_{Tech}=\hat{E}_k$ 使得技术水平达到最高，该最优排放配额与 E^*_{SW} 不一样。图4-8、图4-9、图4-10、图4-11、图4-12显示在不同条件下 E^*_{SW} 与 E^*_{Tech} 的大小呈现不同的形式。而其中最主要的决定因素是企业的污染排放系数 δ，当 δ 较小（图4-8、图4-9、图4-10、图4-11中的 $\delta=1$）时，当 δ 较大（图4-8、图4-9、图4-10、图4-11中的 $\delta=5$）时 $E^*_{SW}<E^*_{Tech}$。图4-12更是清晰显示了随 δ 的增大 E^*_{SW} 先是

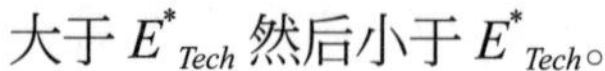

大于 E^{*}_{Tech} 然后小于 E^{*}_{Tech}。

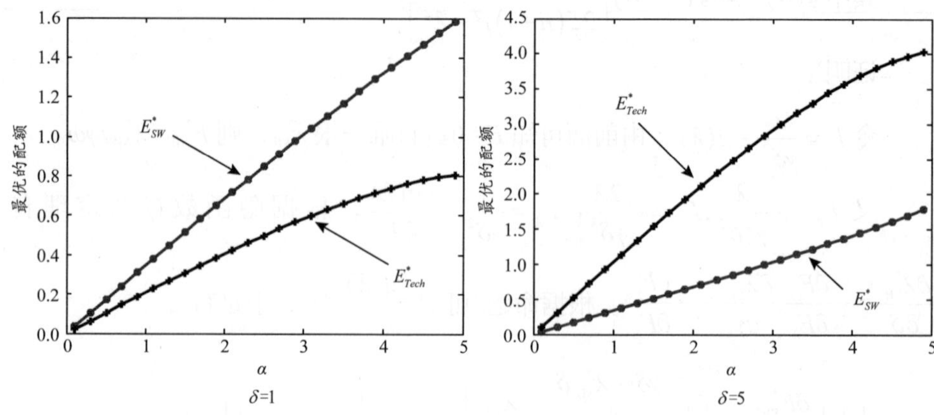

图4-8 最优排放配额随 α 变化情况

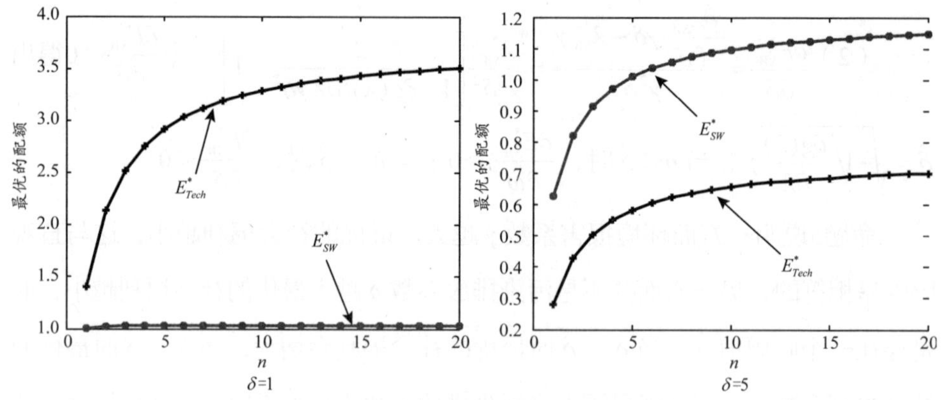

图4-9 最优排放配额随 n 变化情况

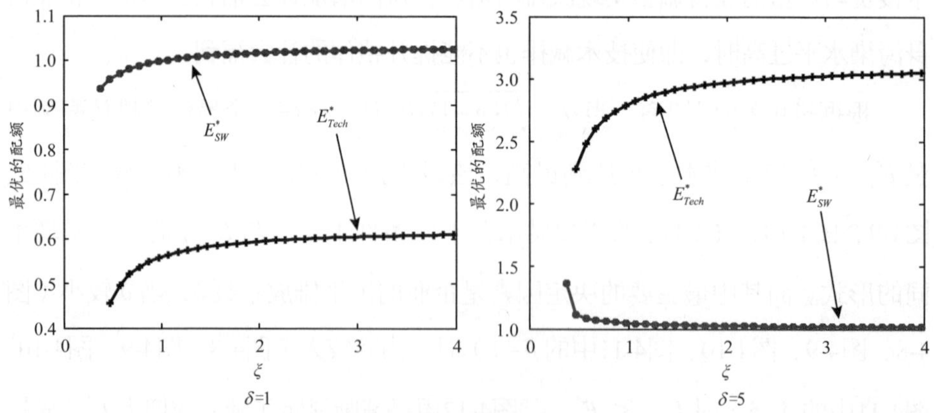

图4-10 最优排放配额随 ξ 变化情况

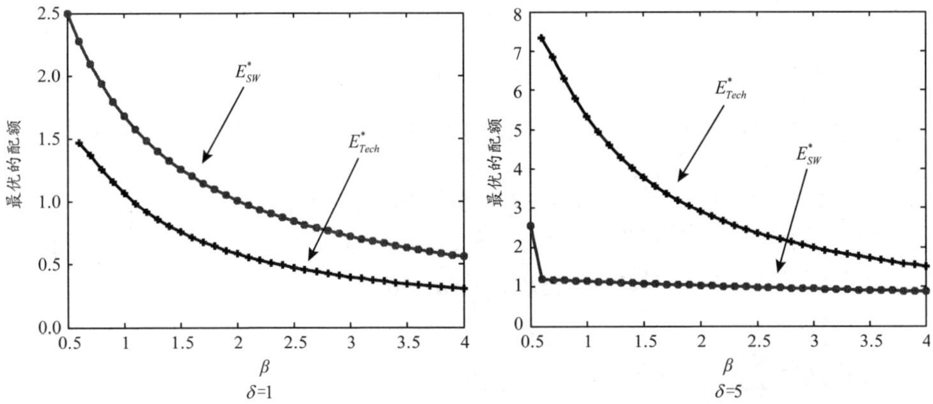

图4-11　最优排放配额随 β 变化情况

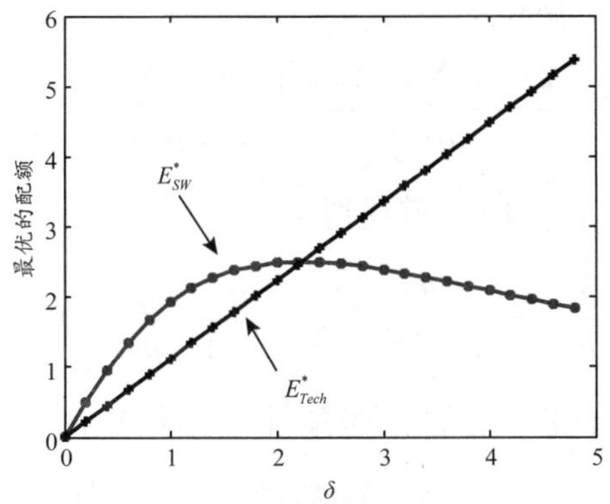

图4-12　最优排放配额随 δ 变化情况

上面的分析说明对于污染程度较低的企业，使得社会福利最优的排放配额大于使得技术激励最优的排放配额，而对于污染程度较高的企业则相反，因此当市场中的高污染企业较多时如果政府一味追求过高的技术进步而设定较高的排放配额，反而会损害整个社会的福利。

4.4.3　企业异质性分析

前面的分析是基于企业同质的条件进行的，下面进一步扩展到更一般的企业异质性情形。市场上存在 n 个企业，企业 i 的污染排放系数为 δ_i，产量为 q_i，减排技术水平为 k_i，从而其利润函数为：

$$\pi_i = pq_i - cq_i - \xi k_i^2 + p_e[e_i - \delta_i(1-k_i)q_i]$$
$$\text{s.t. } 0 \leqslant k_i \leqslant 1 \tag{4.23}$$

同之前的分析一样，主要考虑无约束情形，对利润函数进行一阶偏导：

$$\begin{cases} \dfrac{\partial \pi_i}{\partial q_i} = \alpha - \beta Q - \beta q_i - p_e \delta_i (1-k_i) = 0 \\ \dfrac{\partial \pi_i}{\partial k_i} = -2\xi k_i + p_e \delta_i q_i = 0 \end{cases} \tag{4.24}$$

利用$Q = \sum q_i$，可得：

$$n\alpha - n\beta Q - \sum \beta q_i - p_e \sum \delta_i (1-k_i) = 0$$

令 $\mu_i = p_e \delta_i (1-k_i)$，解得：

$$Q = \frac{n\alpha - p_e \sum \delta_i (1-k_i)}{n\beta + \beta} = \frac{n\alpha - \sum \mu_i}{n\beta + \beta} \tag{4.25}$$

将（4.25）代入（4.24）化简可得：

$$\frac{\sum \mu_i}{n+1} + \left[\frac{2\beta\xi}{(p_e\delta_i)^2} - 1\right]\mu_i + \frac{\alpha}{n+1} - \frac{2\beta\xi}{p_e\delta_i} = 0 \tag{4.26}$$

方程组 $A\mu = c$ 有唯一解的充要条件是系数矩阵 $\boldsymbol{A}$ 的秩等于增广矩阵 $\boldsymbol{C} = (A, c)$ 的秩，且均为 n，即 $R(A) = R(C) = n$。要想证明方程组（4.26）是否有唯一解以及解为多少，可以通过初等行列式的变换得到，即有定理4。

定理4 对于异质性企业市场，企业 i 的减排技术决策为 $k_i^* = 1 - \mu_i/\lambda_i$，产量决策为 $q_i^* = \left(1 - \dfrac{\mu_i}{\lambda_i}\right)\dfrac{2\xi}{\lambda_i} = 2\xi(\lambda - \mu_i)/\lambda_i^2$ 。

其中：

$$\mu_i = \begin{cases} \dfrac{c_{ii} - a_i \sum\limits_{m=i+1}^{n} \mu_m}{b_{ii}}, i = 1, \cdots, n-1 \\ \dfrac{c_{nn}}{b_{nn}}, i = n \end{cases}, \quad \begin{aligned} & b_{ij} = b_{i,j-1} - a_{j-1}^2 / b_{j-1,j-1}, 1 < j \leqslant i \leqslant n \\ & a_j = a_{j-1} - a_{j-1}^2 / b_{j-1,j-1}, 1 < j \leqslant n \\ & c_{ij} = c_{i,j-1} - a_{j-1} c_{j-1,j-1} / b_{j-1,j-1}, 1 < j \leqslant i \leqslant n \end{aligned}$$

$$a_1 = \frac{1}{n+1}, \ b_{i1} = -\frac{n}{n+1} - \frac{2\beta\xi}{(p_e\omega_i)^2}, \ c_{i1} = -\frac{\alpha}{n+1} + \frac{2\beta\xi}{p_e\omega_i} \quad (i = 1, \cdots, n)$$

证明见附录。

定理4给出了企业异质情况下最优的减排技术决策和产量决策，对于此种条件下的最优社会福利条件与定理4相同，即$p_e^*=\gamma E^*$，证明方法也相似，在此不作赘述。定理4说明不同类型企业的决策是不一样的，下面通过数值分析，对比高污染型企业与低污染型企业的减排技术决策和产量决策的差异。简便起见，取$n=2$，市场上只存在两种类型企业，一种是高污染型企业，取$\delta=8$，另一种是轻污染型企业，取$\delta=1$。根据定理4，此时：

$$\mu_1=\frac{\left(-\frac{2}{3}+\frac{2\beta\xi}{p_e^{\ 2}\omega_2^{\ 2}}\right)\left(-\frac{\alpha}{3}+\frac{2\beta\xi}{p_e\omega_1}\right)-\frac{1}{3}\left(-\frac{\alpha}{3}+\frac{2\beta\xi}{p_e\omega_2}\right)}{\left(-\frac{2}{3}+\frac{2\beta\xi}{p_e^{\ 2}\omega_2^{\ 2}}\right)\left(-\frac{2}{3}+\frac{2\beta\xi}{p_e^{\ 2}\omega_1^{\ 2}}\right)-\frac{1}{9}} \tag{4.27}$$

$$\mu_2=\frac{\left(-\frac{2}{3}+\frac{2\beta\xi}{p_e^{\ 2}\omega_1^{\ 2}}\right)\left(-\frac{\alpha}{3}+\frac{2\beta\xi}{p_e\omega_2}\right)-\frac{1}{3}\left(-\frac{\alpha}{3}+\frac{2\beta\xi}{p_e\omega_1}\right)}{\left(-\frac{2}{3}+\frac{2\beta\xi}{p_e^{\ 2}\omega_1^{\ 2}}\right)\left(-\frac{2}{3}+\frac{2\beta\xi}{p_e^{\ 2}\omega_2^{\ 2}}\right)-\frac{1}{9}} \tag{4.28}$$

从而$k_1=1-\mu_1/\lambda_1$、$k_2=1-\mu_2/\lambda_2$；$q_1=2k_1\xi/\lambda_1$、$q_2=2k_2\xi/\lambda_2$，k_1、k_2分别表示低污染型企业与高污染型企业最优减排技术水平，q_1、q_2分别表示低污染型企业与高污染型企业最优产量。图4-13显示了低污染型企业与高污染型企业减排技术差异，四幅子图分别对应$\alpha=1$、$\alpha=3$、$\alpha=5$、$\alpha=10$四种情形，也就是分别对应市场行情从低到高的情形。对于减排技术决策，当市场行情较好（$\alpha=5$或$\alpha=10$）时，由于排污权交易市场的环境约束压力，高污染型企业的减排技术水平k_2要明显高于低污染企业k_1；但是当市场行情不太好（$\alpha=1$或$\alpha=3$）时，如果排污权交易价格过高，即环境约束压力越大，高污染企业反而可能降低自己的减排水平，同时降低自身产量（见图4-14），直至最终退出市场。

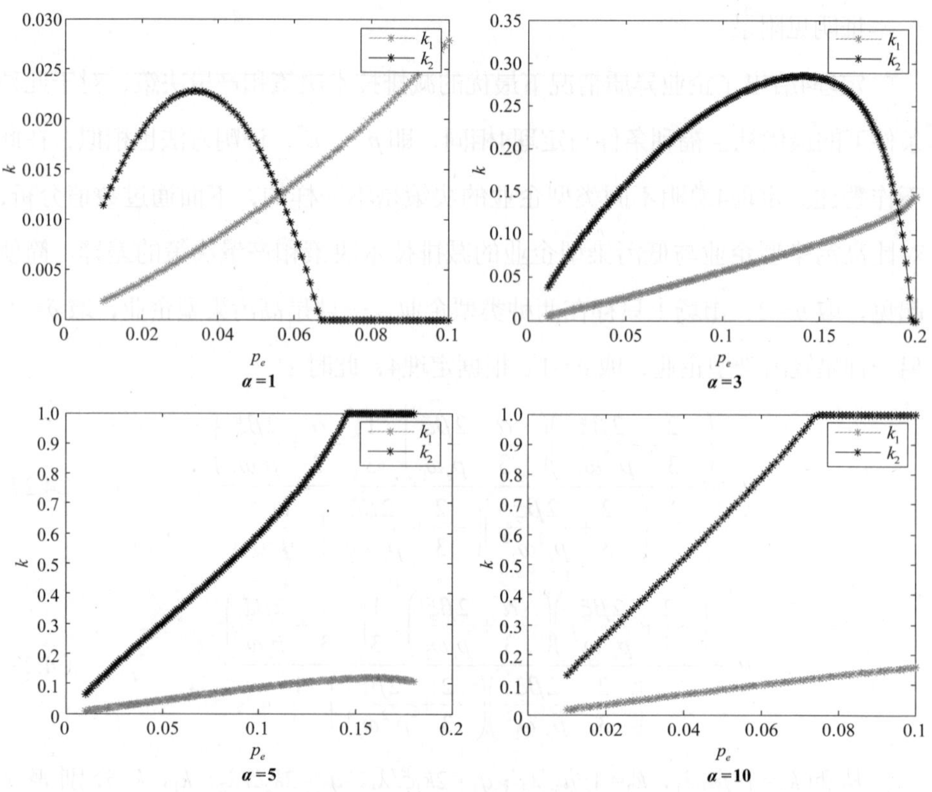

图4-13　低污染型企业与高污染型企业减排技术差异

排污权交易制度对工业行业转型的影响取决于交易价格对两类行业经济产出影响的相对大小。若排污权交易制度的实施同时降低两类行业的经济产出，当低污染型企业产出的减少量低于高污染型企业时，排污权交易制度促进了工业行业转型升级；反之，排污权交易制度抑制了工业行业转型升级。若排污权交易制度的实施同时提高两类行业的经济产出，当低污染型企业经济产出的增加量高于高污染型企业时，排污权交易制度促进了工业行业转型升级；反之，排污权交易制度抑制了工业行业转型升级。从图4-14可以看出，排污权交易制度的实施促使高污染型企业的产量 q_2 持续下降，而低污染型企业的产量 q_1 持续上升，最终市场全部由低污染型企业占领，并且减排技术水平持续上升，实现整个行业的转型升级。

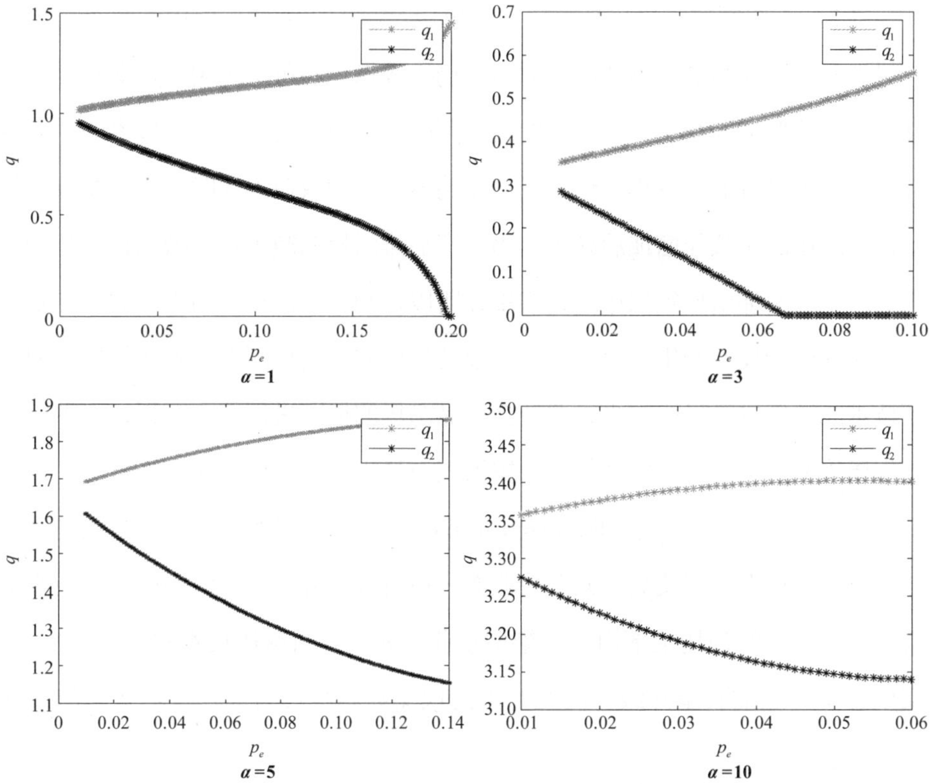

图4-14　低污染型企业与高污染型企业产量差异

4.5　本章小结

本章从异质性企业减排技术投资与生产经营的角度，分析了排污权交易制度影响环境效率的微观机理，从上述分析可知：

（1）企业的最优减排技术投资和产量与企业本身的污染水平和排污权交易价格不是简单的单调变化的关系，也就是说不是污染程度越高的企业或排污权交易价格越高，企业的减排技术水平和产量会相应越高或越低，企业的决策是由产品市场、减排成本和排污权市场等多方面因素综合的结果。在某些情况下，污染程度越高的企业减排意愿越低或生产意愿越强，因此在制定排污权交易制度时，需要充分考虑多方的因素。

（2）新技术的引进虽然可以降低单位产品的排污量，但由于整个市场的产量上升，从而增加了整个市场的污染物排放量，不过这个增加量随着排污权交易价格的增加而减小。当产品的最大可能收益较大时，随着新技术的排放系数的增加污染排放量变小，但是当产品的最大可能收益不大时，污染排放量随新技术的排放系数先增加后减小。单位产品排污量的减少不能抵消技术红利带来的产量的增加所导致的排污量增量，所以在制定排污权交易机制时，需要充分考虑这种新技术产生的负面效应，也就是总的排污权配额并不是简单地因为新技术能降低排污量而减少，要结合产品市场的情况进行综合分析，否则排污权市场失衡，将达不到均衡状态，排污权交易市场的作用将大大降低。

（3）排污权交易制度既能提升企业减排技术，也能提升部分企业的产量与竞争力，也即能促使高污染型企业的产量持续下降，而低污染型企业的产量持续上升，最终市场全部由低污染型企业占领，并且减排技术水平持续上升，实现整个行业的转型升级。因此，排污权交易制度具有提升环境效率的波特效应。

第5章 我国区域环境效率评价及其技术与结构因素分解研究

5.1 引 言

第3章分析了排污权交易制度影响环境效率的微观机理，排污权交易制度一方面可以提升企业技术水平，另一方面可以实现行业的优胜劣汰，促进行业转型升级，也就是通过技术进步和产业结构调整两条路径来提升区域的环境效率。进一步，本章和第6章以中国275个地级及以上城市为对象，开展排污权交易制度对环境效率影响的实证研究，其中本章是我国区域环境效率及其技术与结构效率分解，通过构建非期望产出的四阶段 SBM-DEA 方法测量了2003年到2018年中国275个地级及以上城市的综合环境效率、技术效率和结构效率，综合环境效率反映了一个城市整体性的经济发展与环境保护的协调性程度，技术效率反映了综合环境效率中通过技术水平发展实现的经济发展与环境保护的协调程度，结构效率反映了综合环境效率中通过产业结构调整实现的经济发展与环境保护的协调程度。本章是实证检验排污权交易制度对环境效率影响程度的基础。

5.2 研究方法

环境效率是多种生产要素、经济发展与污染排放等多因素共同作用的结果，显示出明显的“全要素”特点，需要考虑相关要素构造的指标进行综合评估（Tu et al.，2019）。数据包络分析（data envelopment analysis，DEA）是一种非参数效率评价方法，其思想是基于决策单元（DMU）的多项投入和产出指标数据，通过求解线性规划确定最佳生产前沿面，根据其与前沿面的距离得到每个 DMU 的相对效率值。由于投入产出计量单位不会影响这一方法的计算结果从而可以对多投入多产出决策单元进行评价，并不需要提前主观确定计算权重，可以有效降低环境指标赋权过程对评价结果的影响。因此 DEA 方法被广泛运用到能源效率、环境效率等的评估中。但是传统的 DEA 模型属于径向和角度方法，没有考虑投入和产出的松弛问题，会造成测量结果的偏差。而且我国幅员辽阔，区域经济发展不均衡，各地区受自然因素、资源禀赋等的制约，产业发展、人口集中、技术水平等存在明显差异，因此需要考虑各地区的现实差异以及随机噪声的影响，以便对碳排放效率进行更为准确的评估。同时本书重点考察排污权交易如何通过技术进步和产业结构调整两条路径来提升区域的环境效率，故需要将综合环境效率分解为技术效率和结构效率两部分。因此，本章提出非期望产出的四阶段 SBM-DEA 方法，能够有效解决上述提到的问题，从而准确科学地评估我国区域的环境效率。

5.2.1　非期望产出的 SBM-DEA 模型

径向 DEA 度量方法会造成投入要素的冗余问题。角度的 DEA 模型仅考虑投入或产出的效率，不能全方面考虑评价单元的效率，当投入或产出冗余时，径向 DEA 会高估决策单元的效率。如图5-1所示，图中显示的是两种投入（X_1, X_2）和一种产出 Y 的生产率测算情况。其中 C 点和 D 点的生产率为1，为生产有效率点，EE' 为 C 点和 D 点所构成的生产前沿面，而 A' 和 B' 点为无效率点。按照径向 DEA 的度量方法，A' 和 B' 点的效率分别为 OA/OA' 和 OB/OB'，位于生产前沿面 EE' 上的点 A 和点 B 是 A' 和 B' 点对应的有效率参照点。比较 A 点和 C 点可以发现：A 点在投入要素 X_2 上即使减少 CA 的投入量同样能够达到 C 点的产出 Y，并且能保证在生产前沿面上。因此，A 点存在着投入要素 X_2 的松弛，它并不是真正的生产有效点。B 点也存在同样的情况（潘丹 等，2013）。

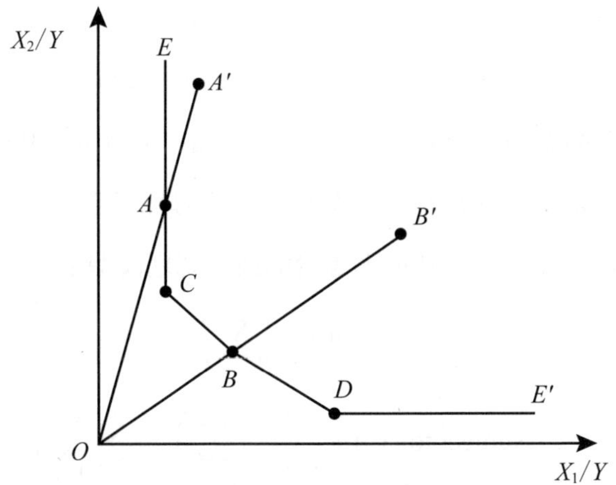

图5-1　传统 DEA 测算模型中的投入松弛问题

针对径向和角度方法的不足，Tone（2001）提出了 SBM（slack-based measure）模型，决策单元（DMU）的无效率是投入与产出无效率的乘积，之后 Tone（2004）在 SBM 的基础上考虑非期望产出的情形，提出非期望产出 SBM 模型，其基本形式为：

$$\rho^{*}=\min\frac{1-\frac{1}{m}\sum_{i=1}^{m}\frac{s_i^-}{x_{i0}}}{1+\frac{1}{s_1+s_2}\left(\sum_{r=1}^{s_1}\frac{s_r^g}{y_{r0}^g}+\sum_{r=1}^{s_2}\frac{s_r^b}{y_{r0}^b}\right)}\quad \text{subject to}\ x_0=X\lambda+S^- \qquad (5.1)$$

$$\text{Subject to}\ x_0=X\lambda+S^- \qquad (5.2)$$

$$y_0^g=Y^g\lambda-S^g \qquad (5.3)$$

$$y_0^b=Y^b\lambda+S^b \qquad (5.4)$$

$$S^-\geqslant 0,\ S^g\geqslant 0,\ S^b\geqslant 0,\ \lambda\geqslant 0 \qquad (5.5)$$

其中，$X=(x_{ij})\in\Re^{m\times n}$，$Y=(y_{ij})\in\Re^{s\times n}$，$n$ 个部门，m 个投入，s 个产出，其中 s_1 个好产出，s_2 个坏产出。S^- 和 S^b 分别表示投入和非期望产出的过剩（冗余），也就是可以通过减小投入和非期望产出使生产系效率达到最佳生产前沿面的潜力；而 S^g 表示期望产出的不足，也就是可以通过增加期望产出使生产系效率达到最佳生产前沿面的潜力；ρ^* 为要计算的环境效率值，其取值范围在0和

1之间，令其最优解为 $(\lambda^*, S^{-*}, S^{g*}, S^{b*})$，则当 $\rho^*=1$时，表示决策单元的环境效率完全有效率，此时 $S^{-*}=S^{g*}=S^{b*}=0$；当 $\rho^*<1$时，表示生产单元存在环境效率损失，可以通过调整投入量（降低投入量）和产出量（提升期望产出，降低非期望产出）来提升环境效率。公式（5.1）的目标函数是非线性形式，使用Charnes 等（1962）变换可以转换为等价的线性规划模型：

$$\tau^* = \min t - \frac{1}{m}\sum_{i=1}^{m}\frac{S_i^-}{x_{i0}} \quad (5.6)$$

$$\text{Subject to } \ 1=t+\frac{1}{s_1+s_2}\left(\sum_{r=1}^{s_1}\frac{S_r^g}{y_{r0}^g}+\sum_{r=1}^{s_2}\frac{S_r^b}{y_{r0}^b}\right) \quad (5.7)$$

$$x_0 t = X\Lambda + S^- \quad (5.8)$$

$$y_0^g t = Y^g\Lambda - S^g \quad (5.9)$$

$$y_0^b t = Y^b\Lambda + S^b \quad 5.10)$$

$$S^- \geqslant 0,\ S^g \geqslant 0,\ S^b \geqslant 0,\ \Lambda \geqslant 0,\ t \geqslant 0 \quad (5.11)$$

令该线性规划的最优解为 $(t^*, \Lambda^*, S^{-*}, S^{g*}, S^{b*})$，则原非期望产出 SBM 模型的解为：

$$\rho^*=\tau^*, \lambda^*=\Lambda^*/t^*, S^{-*}=S^{-*}/t^*, S^{g*}=S^{g*}/t^*, S^{b*}=S^{b*}/t^*$$

从上述模型可以看出：SBM 模型同时包含了投入和产出的松弛量（S^-, S^g, S^b），从而可以直接测量松弛所带来的与最佳生产前沿相比较的无效率，这一方面解决了径向和角度 DEA 模型中投入和产出松弛性的问题，剔除松弛所造成的非效率因素；另一方面也解决了非期望产出存在下的生产率评价问题。

5.2.2 非期望产出的四阶段 SBM-DEA 方法

传统的数据包络分析方法只考虑投入和产出指标，然而决策单元的生产效率是多方面综合因素的结果，既有自身努力的后天因素（减少投入、增加期望产出），也有无法改变或控制的后天因素（自然因素、资源禀赋等）以及随机因素，因此反映真实的决策单元管理水平的生产效率应该剔除不可控的环境和随机因素的影响。针对此问题，Fried 等（2002）引入随机前沿分析（SFA）技术将传统的单一阶段模型改进成三阶段 DEA 评估模型。三阶段 DEA 剔除了外部环境和随机误差对评价结果造成的影响，使得 DEA 效率更加客观和真实。

在三阶段 DEA 模型中，需要运用 SFA 模型来估计环境变量和随机误差的系数，其形式如（5.12）所示：

$$\ln q_i = X_i\beta + \varepsilon_i$$

$$\varepsilon_i = v_i - \mu_i,\ \ i = 1, 2, \cdots, N \tag{5.12}$$

SFA 的特点是其复合误差项（ε_i），该误差项同时包含了随机误差（v_i）和非对称性误差（μ_i）两个部分，$v_i \sim (0, \sigma_v^2)$，$\mu_i \sim N^+(0, \sigma_u^2)$，其中 μ_i 一般由生产过程中的一些可控因素产生，如企业的技术水平、管理制度的规范性和员工的能力及表现等，衡量了企业的管理无效率。

上述三阶段 DEA 方法可以剔除环境变量和随机误差的影响从而计算出决策单元（DMU）的真实环境管理效率，但此时的环境管理效率是一个综合效率（Comprehensive Efficiency，CE），既包含节能减排技术等方面的技术效率（Technical Efficiency，TE），也包含产业结构升级方面的结构效率（Structural Efficiency，SE），而且该方法大多基于 CCR 或 BCC 模型，会造成投入要素或产出要素的冗余问题。因此，本书借鉴三阶段 DEA 模型中剔除环境变量的思路，再增加一个阶段，该阶段利用 Tobit 模型剔除产业结构变量（高污染行业产值占工业总产值的比重）对环境管理效率的影响，从而计算真实的纯技术效率，然后再算出结构效率。基于此，本书提出修正的四阶段 SBM-DEA 方法，该方法既可避免投入和产出冗余带来的偏差又可剔除环境变量和随机误差对评估结果的影响，并且在评价区域综合性环境效率的同时还能将其分解为技术效率和结构效率。修正四阶段 SBM-DEA 方法步骤如下：

第一阶段：采用非期望产出 SBM 模型，计算初始效率（Initial Efficiency，IE）和投入松弛变量 s^- 和期望与非期望产出松弛量 S^g、S^b；

第二阶段：由第一阶段分析出来的投入产出松弛变量受外部环境因素、随机误差和内部管理因素的影响。传统的 DEA 模型不能准确反映出是内部管理还是外部环境和随机误差对效率值的影响，而是将影响因素全部归结为内部管理。类似 Fried 等（2002）通过构建 SFA 模型找出环境变量并根据结果调整投入和产出量。回归方程如下：

$$s_{ij}^{k}=f^{i}(z_j;\beta_i^{k})+v_{ij}^{k}+\mu_{ij}^{k},\ k\text{ 分别表示 }-\text{、}g\text{、}b \tag{5.13}$$

其中 $s_{ij}^{\#}$ 为第 j 个决策者在第 i 项投入或产出上的松弛量，假定有 k 个环境变量，$z_j=[z_{1j}, z_{2j}, \cdots, z_{Kj}]$，$j=1, 2, \cdots, n$，$\beta_i$ 为待估参数。$v_{ij}+\mu_{ij}$ 为综合误差项，其中 $v_{ij}\sim iidN(0, \sigma_v^2)$ 反映了统计噪音，$\mu_{ij}\geqslant 0$ 反映了管理无效率，假定 $\mu_{ij}\sim iidN^+(u^i, \sigma_\mu^2)$ 即在0处截断的非负正态分布，实证时通常假定其服从半正态分布 $\mu_{ij}\sim iidN^+(0, \sigma_\mu^2)$。另外假定 v_{ij} 和 μ_{ij} 相互独立，并且与 k 个环境变量也相互独立。定义 $\gamma=\sigma_\mu^2/\sigma_\mu^2+\sigma_v^2$，当 γ 趋于1时，说明在无效率决策单元中，管理因素占主导地位；当 γ 趋于0时，则随机因素占主导地位。采用极大似然估计未知参数，然后对投入和产出数据进行调整，调整公式如下：

$$x_{ij}^{A}=x_{ij}+[\max_j\{z_j\hat{\beta}_i^{-}\}-z_j\beta_i^{-}]+[\max_j\{\hat{v}_{ij}^{-}\}-v_{ij}^{-}],\ i=1,2,\cdots,m;j=1,2,\cdots,n \tag{5.14}$$

$$y_{ij}^{gA}=y_{ij}^{g}+[\max_j\{z_j\hat{\beta}_{ij}^{g}\}-z_j\beta_{ij}^{g}]+[\max_j\{\hat{v}_{ij}^{g}\}-v_{ij}^{g}],\ i=1,2,\cdots,s_1,j=1,2,\cdots,n \tag{5.15}$$

$$y_{ij}^{bA}=y_{ij}^{b}+[\max_j\{z_j\hat{\beta}_{ij}^{b}\}-z_j\beta_{ij}^{b}]+[\max_j\{\hat{v}_{ij}^{b}\}-v_{ij}^{b}],\ i=1,2,\cdots,s_2,j=1,2,\cdots,n \tag{5.16}$$

x_{ij}^{A} 表示调整后的投入数据，y_{ij}^{gA} 和 y_{ij}^{bA} 分别表示调整后的期望产出和非期望产出数据。第一个中括号表示将所有的决策单元调整在相同的外部环境中，第二个中括号表示去除统计噪音的影响。从公式（5.14）可以看出必须将统计噪音和管理无效率分离出来，根据公式（5.12）首先得到 μ_{ij} 的条件估计量：

$$\hat{E}\left(\mu_{ij}\mid\mu_{ij}+v_{ij}\right)=\sigma\times\left[\frac{\phi(\varepsilon_i\lambda/\sigma)}{\Phi(\varepsilon_i\lambda/\sigma)}+\frac{\varepsilon_i\lambda}{\sigma}\right] \tag{5.17}$$

其中，$\sigma_*^2=\sigma_\mu^2\sigma_v^2/\sigma^2$，$\varepsilon_i=\mu_{ij}+v_{ij}$，$\sigma^2=\sigma_\mu^2+\sigma_v^2$。$\phi(\cdot)$、$\Phi(\cdot)$ 分别是标准正态分布的密度函数和分布函数。然后得到 v_{ij} 的估计：

$$E\left[v_{ij} \mid \mu_{ij}+v_{ij}\right]=s_{ij}^{-}-z_{j}\hat{\beta}_{j}-\hat{E}\left[\mu_{ij} \mid \mu_{ij}+v_{ij}\right] \quad (5.18)$$

第三阶段：将调整后的投入量 x_{ij}^{A} 和产出量 y_{ij}^{A}、y_{ij}^{bA} 代替原始投入和产出数据，再次运用非期望产出 SBM 模型进行效率评估。由此得到的效率值为消除环境和随机误差影响的综合效率（CE）。

第四阶段：在第三阶段中所得出的效率值是技术效率和产业结构效率的综合值，参照第二阶段的思路，在第四阶段采用 Tobit 回归模型对第三阶段调整后的投入量 x_{ij}^{A} 和产出量 y_{ij}^{A}、y_{ij}^{bA} 再次进行调整，从而得出纯技术效率。松弛变量值都大于等于0，属于截断数据，故采用 Tobit 模型进行回归分析。因变量为投入产出松弛量，总共建立 $m+s_1+s_2$ 个 Tobit 回归模型，产业结构变量（高污染行业产值占工业总产值的比重）作为自变量，从而对每个松弛变量作 Tobit 回归分析，模型如下：

$$s_{ij}^{*k}=f^{i}(z;\beta_{i}^{k})+\mu_{ij}^{k}$$
$$s_{ij}=\begin{cases} s_{ij}^{*k}, s_{ij}^{*k}>0 \\ 0, s_{ij}^{*k}\leqslant 0 \end{cases} \quad (5.19)$$

k 分别表示 $-$、g、b，可以应用类似于公式（5.14）、（5.15）和（5.16）那样对第三阶段的投入和产出数据进行调整，然后将调整后的数据代替第三阶段的投入和产出数据，再次运用非期望产出 SBM 模型进行效率评估，由此得到的效率值为环境技术效率（TE），最后根据 $CE=TE\times SE$，可以计算出结构效率（SE）。

决策单元的结构效率（SE）既可能大于1也可能小于1，$SE>1$说明该决策单元是属于结构优化的单元，即产业结构有助于提升其环境效率，否则属于结构劣化的单元，即相比于其他单元，其产业结构不能降低其提升环境效率。

采用非期望产出的四阶段 SBM-DEA 方法有四个优点：（1）SBM 模型具有非径向和非角度的特点，可以避免传统 DEA 模型中投入和产出松弛性的问题，还可以根据松弛量确定效率的改善方向；（2）三阶段 DEA 方法的运用有助于剔除外部环境和随机因素对效率评价结果的影响，测算得到的结果真实反映了决策单元的内部管理水平；（3）可以从投入和产出角度全方位分析外部环境因素对效率测算的影响情况，能帮助我们更好地理解外部环境对效率水平的作用机理。（4）可以将决策单元的综合效率值进一步分解为技术效率和结构效率，为深入分析决策单元的环境效率结构提供基础。

5.3 数据来源与指标构建

5.3.1 数据来源

本部分的研究对象为我国地级及以上城市，构建了我国地级及以上城市（港、澳、台、西藏数据缺失）2003—2018年的面板数据，资料主要来自2003—2017年的《中国统计年鉴》《中国环境年鉴》《中国环境统计年鉴》以及《中国城市统计年鉴》，2018年的数据来自各省统计年鉴以及部分各市的统计年鉴或当年统计公报，部分数据缺失采用插值方法进行补齐，剔除数据缺失较多的城市后，最终有275个城市进入模型。

5.3.2 指标构建

5.3.2.1 投入产出指标

主要参考相关学者的研究，同时考虑数据的可获得性，构建中国地级及以上城市环境效率评价投入产出指标体系，见表5-1。

（1）期望产出要素。期望产出指标用城市的国内生产总值（GDP）表示。

（2）非期望产出要素。现有研究对非期望产出指标的选取没有形成统一共识，主要包含工业废水、废气和固体废物、SO_2、COD、CO_2 中的一种或多种（曾贤刚 等，2019；何爱平 等，2019；林伯强 等，2019）。本书考虑到 SO_2 是主要空气污染物的代表，而工业废水是主要水污染物的代表，同时各个城市的 SO_2 和废水排放数据也相对完整，所以非期望产出指标选取各城市的工业 SO_2 排放量和工业废水排放量。

表5-1 区域环境效率评价指标体系

项目	指标说明	变量
期望产出要素	经济产出	地区生产总值（GDP）
非期望产出要素	污染排放	工业 SO_2 排放量
		工业废水排放量
投入要素	劳动力投入	城镇单位从业人员期末人数
	资本投入	固定资产存量
	土地投入	城市建设用地面积
	能源投入	工业用电量
环境要素	地形条件	行政区域总面积
		森林覆盖率
	气象条件	年平均气温
		降水量
结构要素	产业结构	第三产业占 GDP 比重

（3）投入要素。本书主要考虑能源投入、土地投入、劳动力投入和资本投入，能源投入用工业用电量表示，土地投入用城市建设用地面积表示，劳动投入用城镇单位从业人员期末人数表示。而资本投入方面，也有不同处理方法，一种是将资本投入用全社会固定资产投资额、固定资产净值等指标表示，另一种较为常用的做法是采用永续盘存法测算每个城市资本存量，将其作为资本投入。

作为计算资本常量比较常用的方法，张军等（2004）与单豪杰（2008）均在永续盘存法的基础上，提出过较为权威的省级资本存量计算方法。但是他们提出的方法对数据要求较高，无法直接运用到地级城市的资本存量计算中。为此，本书采取间接估算方法来计算城市层面的资本存量，主要结合了柯布-道格拉斯（Cobb-Dauglas，C-D）生产函数和永续盘存法：首先，采用永续盘存法计算得到省级层面的资本存量。具体地，投资指标选取省级层面的固定资产投资，以1978年为基期，设定9.6%的折旧率，采用张军等提出的模型构造方法对各省初始资本存量进行估算。然后，基于C-D生产函数，估计各城市在所在省的资本存量比例。省份 i 下属 j 市的 C-D 生产函数：

$$F_{ij} = A_{ij} K_{ij}^{\alpha_{ij}} L_{ij}^{1-\alpha_{ij}} \quad (j=1,2,\cdots,m) \tag{5.20}$$

式中，F_{ij} 表示产出、A_{ij} 表示当前技术水平、K_{ij} 表示资本投入、L_{ij} 表示劳动投入、α_{ij} 资本投入的弹性系数。考虑省内技术转化和资本自由流动的便利性，假设同省内城市的技术水平和资本弹性相同，即 $A_{i1}=A_{i2}=A_{i3}=\cdots=A_{im}$，$\alpha_{i1}=\alpha_{i2}=\cdots=\alpha_{im}$。设省 i 的平均资本弹性系数为 α_i，则有：

$$K_{i1}/K_{i2}\cdots/K_{im} = \left(\frac{F_{i1}}{L_{i1}^{1-\alpha_i}}\right)^{\frac{1}{\alpha_i}} \Bigg/ \left(\frac{F_{i2}}{L_{i2}^{1-\alpha_i}}\right)^{\frac{1}{\alpha_i}} \cdots \Bigg/ \left(\frac{F_{im}}{L_{im}^{1-\alpha_i}}\right)^{\frac{1}{\alpha_i}} \tag{5.21}$$

由式（5.21）可以估算出同省的各城市之间的资本存量比。最后，结合永续盘存法估算的省级资本存量，便可以测算各地级市的资本存量。模型所需要的数据，F_{ij} 选取 GDP，L_{ij} 选取城镇期末从业人员数。为简化模型，本书用全国的资本产出弹性系数 α 代替各省 α_i。在 α 的估计上，国内各学者的估计结果基本处于0.3~0.5的区间内（杨建芳 等，2006；汪伟，2012；耿志祥 等，2016；张蕊 等，2018），本书取中间值，将 α 校准为0.4。

5.3.2.2 环境影响指标

影响决策单元管理效率的因素有很多，与曾贤刚等（2019）类似，本书主要选取不可控的自然因素做环境变量。一方面，与以往文献较多选用的城市化水平、科技创新水平、对外开放水平和财政收入水平等因素相比，自然因素是不可控因素，因此不属于管理效率的一部分，而城市化水平等这些因素正是决策单元为了提升管理效率所做的努力，管理效率是这些努力的综合结果的反映，把这些因素排除在外显然不合理。另一方面，气候气貌、地形条件、土壤等自然因素对企业生产过程与污染的自净与扩散具有重要影响，从而影响环境效率的评估结果。因为存在气候气貌、地形条件等的差异，相同程度的污染物导致的环境影响不相同。例如四川盆地的部分城市，由于地势较低加之周围群山环绕，阻碍了大气污染物的扩散，较少的污染排放也可能显著降低环境质量，因此，传统DEA方法将会高估这些地区的环境效率。同理，一些有利于大气污染物自净和扩散的城市，即使排放的大气污染物较多，也不会明显降低当地空气质量，传统DEA方法将会低估这些地区的环境效率。

自然因素的选取分为两步，首先，参照曾贤刚等（2019）、杨红亮等（2009）的研究结果，以及ADMS大气扩散模型包含的自然因素，选取地区面积、水资源总量、森林覆盖率、年日照小时数、年平均气温、年平均湿度和年降水量7个指标，考虑到这7个指标在城市层面的数据有较多缺失，同一省份城市的数据用该省省会城市的数据表示，虽然这种处理方法会造成一定的偏差，但现实中同一省份的城市在气候气貌和地形条件等自然因素上不会相差太大，而且在西部地区的省份，虽然地域跨度大，但纳入分析框架的城市数量不多，自然因素的偏差对结果的影响有限。然后，利用相关性检验剔除相关性较大指标，根据2018年的数据，水资源总量、年日照小时数、年降水量与年平均气温、年平均湿度之间存在较高的相关性。为了尽量减少回归模型的多重共线性问题，在最终的指标中舍弃了年日照小时数、水资源总量与年平均湿度（表5-2）。

表5-2　自然因素相关性检验

变量	地区面积	水资源总量	森林覆盖率	年日照小时数	年平均气温	年平均湿度	年降水量
地区面积	1						
水资源总量	0.33	1					
森林覆盖率	0.01	0.12	1				
年日照小时数	0.25	−0.31	0.16	1			
年平均气温	−0.28	0.59	0.05	0.73	1		
年平均湿度	−0.88	0.50	0.05	0.19	0.44	1	
年降水量	0.21	0.79	0.12	0.56	0.27	0.9	1

产业结构调整包括三次产业内部的结构变化与三次产业间的结构变化。一种做法是参照童健等（2016）的研究，将工业行业划分为清洁行业和污染密集行业，然后分别计算其工业总产值，取二者的比值作为工业行业结构的衡量

指标，但是他们用的是省级层面的数据，城市层面工业行业产值数据严重缺失，所以此种做法行不通；另一种是按照原毅军等（2014）、李强（2013）等的做法，把产业结构调整界定为三次产业间的结构变化，衡量产业结构升级程度是看产业高级化的水平。正因为环境规制促进经济结构与产业结构朝服务化、高级化发展，本书采用第三产业占GDP比重来衡量产业结构调整。

5.4 我国区域环境管理的综合效率分析

上述提到的DEA方法仅能针对单一截面作静态分析，难以用于不同年份之间的比较。因此在具体计算时采用DEA窗口分析思路（Charnes et al.，1984），选择窗口期为3和4分别进行了计算分析，发现结果差别不大，下文的结果以窗口期为3进行展示。采用的计算软件是Matlab 8.3.0.532（R2014a）和Frontier 4.1。

5.4.1 环境变量与随机因素对环境效率的影响

求得剔除环境因素和随机因素前我国275个地级及以上城市环境效率值，表5-3显示了2003—2018年各阶段的环境效率平均值，各地区历年的环境效率值见附录。从中可以看出，全国平均城市效率处于较低的水平，第一阶段的效率均值为0.408 1，第二阶段剔除环境变量和随机因素后下降为0.378 9，说明从整体上来说，环境变量和随机因素会高估城市的环境效率。从四大区域上看[①]，东部地区的平均初始环境效率最高，其次是东北地区，然后是西部地区，最差是中部地区；但是剔除环境变量和随机因素后，东部地区的平均综合环境效率依然最高，其次是中部地区，然后是东北地区，最差是西部地区，说明在进行效率评估时，东北地区和西部地区占据了一定的环境优势和运气成分。

---

① 本文按照国家统计局区域划分方法，将中国经济区域分为东部、中部和西部和东北四大地区，东部包括：北京、天津、河北、上海、江苏、浙江、福建、山东、广东和海南。中部包括：山西、安徽、江西、河南、湖北和湖南。西部包括：内蒙古、广西、重庆、四川、贵州、云南、西藏、陕西、甘肃、青海、宁夏和新疆。东北包括：辽宁、吉林和黑龙江。

表5-3　2003—2018年各阶段的环境效率平均值

地区	城市个数	环境效率均值			
		第一阶段	第三阶段	第四阶段	
		初始效率	综合环境效率	技术效率	结构效率
北京	1	0.712	1.000	1.000	1.000
天津	1	0.559	1.000	1.000	1.000
河北	11	0.337	0.407	0.462	0.898
山西	11	0.261	0.318	0.375	0.876
内蒙古	9	0.435	0.376	0.493	0.789
辽宁	12	0.358	0.357	0.434	0.830
吉林	8	0.385	0.327	0.448	0.741
黑龙江	12	0.391	0.331	0.438	0.797
上海	1	0.671	1.000	0.918	1.105
江苏	13	0.540	0.496	0.556	0.903
浙江	11	0.501	0.445	0.506	0.898
安徽	16	0.411	0.340	0.389	0.872
福建	9	0.495	0.406	0.511	0.827
江西	11	0.412	0.339	0.412	0.819
山东	17	0.479	0.449	0.542	0.854
河南	17	0.386	0.371	0.468	0.827
湖北	12	0.323	0.373	0.425	0.864
湖南	13	0.424	0.370	0.467	0.810
广东	21	0.516	0.431	0.541	0.795
广西	14	0.312	0.323	0.384	0.840
海南	2	0.726	0.294	0.258	1.189
重庆	1	0.274	0.572	0.483	1.225
四川	18	0.392	0.327	0.467	0.699
贵州	4	0.263	0.319	0.336	0.973
云南	5	0.338	0.346	0.427	0.830
陕西	10	0.427	0.352	0.485	0.791
甘肃	9	0.339	0.302	0.350	0.911

续表

地区	城市个数	环境效率均值			
		第一阶段	第三阶段	第四阶段	
		初始效率	综合环境效率	技术效率	结构效率
青海	1	0.198	0.278	0.279	0.965
宁夏	3	0.200	0.271	0.291	0.938
新疆	2	0.359	0.332	0.538	0.738
东部地区	87	0.494	0.457	0.534	0.869
中部地区	80	0.374	0.353	0.425	0.845
西部地区	76	0.358	0.334	0.427	0.817
东北地区	32	0.377	0.340	0.439	0.795
全国	275	0.408 1	0.378 9	0.461 6	0.838 9

通过 SBM 模型的计算发现各地级及以上城市的 GDP 产出冗余均为0，而投入要素和非期望产出工业废水和 SO_2 排放量都存在一定的冗余，说明近些年来我国的经济发展一直处于良好的势态，环境无效率主要是因为资本、能源、人力投入的不足和工业废水和 SO_2 污染物排放的过高，而非 GDP 产出的不足。本模型的第二阶段，以投入和产出的松弛值作为被解释变量，以地区面积、森林覆盖率、降水量和平均气温为解释变量，构建 SFA 回归。运用 Frontier 4.1 对各投入冗余和非期望产出冗余进行回归分析，结果见表5-4。可以看出，各投入要素以及非期望产出的松弛变量均通过了 LR 检验，σ^2 与 γ 通过了 t 检验，表明 SFA 模型在本书的合理性。$\gamma=1$表明，管理无效率项对各投入要素与非期望产出要素的影响更为显著，可以忽略随机误差项对混合误差项的影响。SFA 回归结果表明，一个城市的气候气貌与地形等自然因素，会显著影响当地环境效率的估计。传统 DEA 模型为考虑气候气貌与地形等不可控要素对经济生产、污染排放和污染自净的影响，使得估计的结果有偏。投入冗余与废水和 SO_2 排放冗余是指通过改善内部管理水平可能减少的投入量与排放量，因此如果环境变量对各投入松弛变量和废水和 SO_2 排放松弛变量的回归系数为正，则说明

环境变量增大将不利于环境效率的提高；相反，则会提高环境效率。

表5-4　随机前沿分析（SFA）回归结果

	能源消耗松弛值	资本存量松弛值	就业人员松弛值	废水排放松弛值	SO_2 排放松弛值
常数值	–27.24**	–19 886.8***	–4.56	112.99**	2.16***
地区面积	10.15***	–130.21***	–0.059**	112.75***	–19.12**
森林覆盖率	2.07**	404.41**	0.301**	27.64	15.01***
年降水量	0.128 9***	17.17*	–0.007 2***	–0.58**	–1.689***
年平均气温	–5.73**	4 887.28***	–0.448**	10.47***	123.11***
σ^2	3 410.17	9 418 488.70	347.73	32 440.71	12 293.33
γ	0.97	0.97	0.99	0.96	1
log 值	–1 545.18	–3 218.00	–898.93	–2 055.04	1 829.0
LR 值	628.42***	791.25***	1 121.16***	738.63***	991.33***

注：*、**、*** 分别代表通过显著性水平 10%、5%、1% 的检验。

为了进一步分析环境变量与随机因素对环境效率的影响程度，计算第一阶段和第三阶段结果的偏差，定义第一阶段和第三阶段环境效率之差为偏离度。偏离度越接近1，说明在剔除环境因素后，该地区的环境效率值显著降低，气象条件与地形条件等自然因素是该地区环境效率偏高的主要因素；当偏离度接近 –1时，说明在剔除环境因素后，该地区的环境效率值显著增加，气象条件与地形条件等自然因素是该地区环境效率偏低的主要因素。从全国区域来看，有152个城市被高估，123个城市被低估，具体到各个省份的偏离程度，河北、山西、黑龙江、河南、湖北、贵州等是低估城市较多的省份，尤其河北和山西分别只有1个城市被高估，分别为廊坊市和吕梁市，湖北只有黄冈市和随州市两个城市被高估。江苏、浙江、安徽、福建、江西、广东等是高估城市较多的省份。值得注意的是北京、天津、上海、重庆四个城市在第一阶段被严重低估，偏离度分别为 –0.288、–0.441、–0.329、–0.298，而海南的海口和三亚均为严重高估城市，偏离度分别达到0.339和0.525。

表5-5 环境效率偏离城市个数

地区	高估城市个数	低估城市个数	偏离度均值	地区	高估城市个数	低估城市个数	偏离度均值
北京	0	1	−0.288	河南	7	10	0.015
天津	0	1	−0.441	湖北	2	10	−0.050
河北	1	10	−0.070	湖南	9	4	0.055
山西	1	10	−0.057	广东	14	7	0.085
内蒙古	5	4	0.059	广西	8	6	−0.011
辽宁	6	6	0.001	海南	2	0	0.432
吉林	5	3	0.057	重庆	0	1	−0.298
黑龙江	5	7	0.060	四川	12	6	0.066
上海	0	1	−0.329	贵州	1	3	−0.056
江苏	10	3	0.045	云南	2	3	−0.008
浙江	9	2	0.056	陕西	7	3	0.074
安徽	13	3	0.071	甘肃	4	5	0.037
福建	8	1	0.089	青海	0	1	−0.080
江西	9	2	0.073	宁夏	0	3	−0.071
山东	11	6	0.030	新疆	1	1	0.027

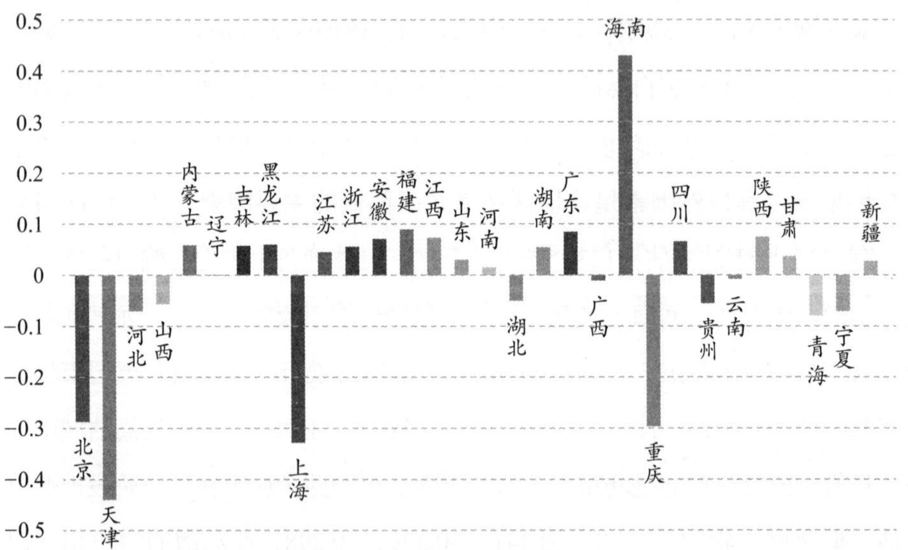

图5-2 环境效率偏离度分布

5.4.2 我国区域综合环境效率的时空分布特征

表5-6列出了纳入本书样本的275个地级及以上城市2018年的综合环境效率值，从中可以看出处于效率前沿面的城市有北京市、天津市、上海市、苏州市、长沙市、广州市和深圳市，除了北京、长沙以外，全是东部沿海发达城市。

表5-6 2018年的综合环境效率值

城市	效率值	城市	效率值	城市	效率值	城市	效率值
北京市	1.000	常州市	0.516	临沂市	0.556	柳州市	0.710
天津市	1.000	苏州市	1.000	德州市	0.737	桂林市	0.537
石家庄市	0.592	南通市	0.541	聊城市	0.474	梧州市	0.657
唐山市	0.592	连云港市	0.762	滨州市	0.434	北海市	0.691
秦皇岛市	0.743	淮安市	0.691	菏泽市	0.408	防城港市	0.388
邯郸市	0.499	盐城市	0.522	郑州市	0.535	钦州市	0.721
邢台市	0.801	扬州市	0.808	开封市	0.429	贵港市	0.700
保定市	0.630	镇江市	0.782	洛阳市	0.769	玉林市	0.425
张家口市	0.427	泰州市	0.758	平顶山市	0.441	百色市	0.757
承德市	0.407	宿迁市	0.707	安阳市	0.759	贺州市	0.478
沧州市	0.816	杭州市	0.626	鹤壁市	0.654	河池市	0.393
廊坊市	0.485	宁波市	0.828	新乡市	0.420	来宾市	0.396
衡水市	0.573	温州市	0.733	焦作市	0.426	崇左市	0.369
太原市	0.726	嘉兴市	0.578	濮阳市	0.412	海口市	0.765
大同市	0.406	湖州市	0.518	许昌市	0.797	三亚市	0.379
阳泉市	0.391	绍兴市	0.570	漯河市	0.707	重庆市	0.571
长治市	0.592	金华市	0.696	三门峡市	0.709	成都市	0.636
晋城市	0.404	衢州市	0.391	南阳市	0.502	自贡市	0.482
朔州市	0.693	舟山市	0.443	商丘市	0.724	攀枝花市	0.725
晋中市	0.735	台州市	0.588	信阳市	0.756	泸州市	0.439
运城市	0.780	丽水市	0.803	周口市	0.449	德阳市	0.748
忻州市	0.600	合肥市	0.442	驻马店市	0.726	绵阳市	0.733
临汾市	0.422	芜湖市	0.814	武汉市	0.600	广元市	0.386
吕梁市	0.393	蚌埠市	0.405	黄石市	0.423	遂宁市	0.636

表5-6（续）

城市	效率值	城市	效率值	城市	效率值	城市	效率值
呼和浩特市	0.769	淮南市	0.399	十堰市	0.459	内江市	0.799
包头市	0.766	马鞍山市	0.391	宜昌市	0.733	乐山市	0.705
乌海市	0.608	淮北市	0.586	襄阳市	0.473	南充市	0.411
赤峰市	0.684	铜陵市	0.684	鄂州市	0.397	眉山市	0.800
通辽市	0.410	安庆市	0.431	荆门市	0.681	宜宾市	0.420
鄂尔多斯市	0.837	黄山市	0.391	孝感市	0.440	广安市	0.814
呼伦贝尔市	0.806	滁州市	0.441	荆州市	0.768	达州市	0.770
巴彦淖尔市	0.397	阜阳市	0.412	黄冈市	0.817	雅安市	0.384
乌兰察布市	0.662	宿州市	0.418	咸宁市	0.404	巴中市	0.426
沈阳市	0.646	六安市	0.750	随州市	0.736	资阳市	0.410
大连市	0.648	亳州市	0.410	长沙市	1.000	贵阳市	0.670
鞍山市	0.533	池州市	0.741	株洲市	0.712	六盘水市	0.763
抚顺市	0.427	宣城市	0.418	湘潭市	0.592	遵义市	0.423
本溪市	0.411	福州市	0.633	衡阳市	0.453	安顺市	0.660
锦州市	0.426	厦门市	0.581	邵阳市	0.669	昆明市	0.488
营口市	0.765	莆田市	0.668	岳阳市	0.763	曲靖市	0.763
阜新市	0.807	三明市	0.786	常德市	0.794	玉溪市	0.727
辽阳市	0.656	泉州市	0.675	张家界市	0.808	保山市	0.595
盘锦市	0.426	漳州市	0.722	益阳市	0.418	昭通市	0.708
铁岭市	0.665	南平市	0.425	郴州市	0.425	西安市	0.770
朝阳市	0.392	龙岩市	0.432	永州市	0.733	铜川市	0.614
长春市	0.666	宁德市	0.814	怀化市	0.422	宝鸡市	0.407
吉林市	0.671	南昌市	0.479	娄底市	0.400	咸阳市	0.414
四平市	0.422	景德镇市	0.697	广州市	1.000	渭南市	0.406
辽源市	0.387	萍乡市	0.401	韶关市	0.488	延安市	0.724
通化市	0.410	九江市	0.763	深圳市	1.000	汉中市	0.757
白山市	0.393	新余市	0.380	珠海市	0.817	榆林市	0.380
松原市	0.413	鹰潭市	0.388	汕头市	0.486	安康市	0.390
白城市	0.764	赣州市	0.756	佛山市	0.593	商洛市	0.816

表5-6（续）

城市	效率值	城市	效率值	城市	效率值	城市	效率值
哈尔滨市	0.637	吉安市	0.677	江门市	0.532	兰州市	0.416
齐齐哈尔市	0.435	宜春市	0.488	湛江市	0.797	嘉峪关市	0.455
鸡西市	0.762	抚州市	0.403	茂名市	0.519	白银市	0.388
鹤岗市	0.386	上饶市	0.777	肇庆市	0.800	武威市	0.766
双鸭山市	0.394	济南市	0.639	惠州市	0.836	张掖市	0.683
大庆市	0.596	青岛市	0.674	梅州市	0.678	平凉市	0.590
伊春市	0.778	淄博市	0.530	汕尾市	0.743	酒泉市	0.390
佳木斯市	0.642	枣庄市	0.664	河源市	0.705	庆阳市	0.789
七台河市	0.388	东营市	0.799	阳江市	0.427	定西市	0.489
牡丹江市	0.686	烟台市	0.596	清远市	0.694	西宁市	0.727
黑河市	0.391	潍坊市	0.647	东莞市	0.471	石嘴山市	0.587
绥化市	0.768	济宁市	0.517	中山市	0.714	吴忠市	0.386
上海市	1.000	泰安市	0.787	潮州市	0.731	固原市	0.672
南京市	0.889	威海市	0.558	揭阳市	0.492	乌鲁木齐市	0.430
无锡市	0.673	日照市	0.429	云浮市	0.631	克拉玛依市	0.496
徐州市	0.522	莱芜市	0.399	南宁市	0.723		

以湖南省为例，湖南省能在“十一五”“十二五”和“十三五”期间取得环境效率的突飞猛进，与其一直以来的政策努力分不开。特别是从2007年长株潭城市群成为全国资源节约型和环境友好型社会建设综合配套改革试验区开始，湖南省进入了“两型社会”建设的新篇章，为湖南省的环境保护与节能减排提供了重大机遇，对“省统筹、市为主、市场化”的推进机制有促进作用，在凝聚工作合力、避免各自为政的条件下充分调动了各方的积极性。为保障改革强有力的推进，及时构建了科学系统的政策法规体系。从全国范围来看，湖南在两型社会建设地方立法起到了表率作用，这也意味着提升试验经验至法律制度层面。湖南已经出台“一条例、一决定”，开展为期近两年的执法检查，同时还有20多项法规规章如“湘江保护条例”“长株潭生态绿心地区保护条例”

等，正在制定当中。除此之外，还出台了包含两型产业、园区、企业、村庄、景区等在内的16个两型标准，全省各市也纷纷行动，先后推出43项省级两型标准与数十项市级两型标准。同时，为保证标准的有效性，采取了提高标准执行的刚性、完善考评与问责机制等措施，以湘江流域治理为例，将上游城市市长对进入下游的水质安全负责，作为一条刚性措施，实行目标管理，严格执行“一票否决”。

以湘江流域为例，湖南省实施了一系列湘江保护与治理工程，编制了全国第一个以流域为背景的科学发展规划《湘江流域科学发展总体规划》，制定了《湖南省湘江保护条例》《湘江流域水质目标考核与生态补偿实施办法》等一系列制度法规；实施并完善了自然资源资产产权制度、自然资源监管体制、主体功能区制度、湘江流域排污权交易制度、资源有偿使用制度、资源环境承载能力监测预警机制、企事业单位污染物排放总量控制制度等源头与过程治理制度；2009年7月，国家启动湘江流域重金属污染专项治理工程，总投资595亿元；2011年3月，国务院批复了我国首个区域性重金属治理方案——湘江流域重金属污染治理实施方案；从2013年开始，湖南省连续实施了三个“三年行动计划”，并确定湘江保护与治理为省政府“一号重点工程”。其间，十大环保工程投资600多亿，推广十大低碳环保技术投资800多亿，完成重点治理项目150个。

与此同时，湖南省专注于对老工业区的改造和转型，改造典型如株洲市清水塘老工业区，重点坚持各项工作同步推进的政策，一方面包括及时对土地进行收储，针对该地的污染情况同步进行治理；另一方面也将当地居民的搬迁转移、安置工作同步展开。针对当地企业实施搬迁奖补的办法推进搬迁工作，针对当地搬迁改造导致的失业人员则实施了一系列的就业帮扶政策。截至当下，老工业区改造与转型初见成效，目前已经有147家企业关停，61家有意向转型的企业选定了搬迁地址，55家企业进行了收储协商并最终达成收储协议。另外，还有11个重金属污染治理的项目正在有条不紊地稳步向前推进。值得注意的是，铜塘湾保税物流中心已经正式建成，并投入使用。湘潭市根据自身城市发展的特点，采用新的“三区”发展路径，即“以治理带动发展，以发展促进治理”的方式对老工业区展开改造。例如在竹埠港城区老工业区改造项目当中，28家化工企业首当其冲被叫停，随后根据该项目的特色进行了特色探索，针对当地的重金属污染情况，在全国范围内率先采用 PPP 模式，这标志着国家范围内的第三方环境治理正式展开；为了进一步治理工业污染，“百年锰都”中28家重污染与锰相关企业均被及时关停，进一步朝着绿色转型发展方向推进。娄底市则采用“腾笼换鸟”政策，各个老工业区纷纷重换新装，骡子坳老工业区、娄星工业集中区分别成为新鲜的钢铁小镇和军民融合示范区，另外，锡矿山地区制定了三年行动计划，预计在三年内彻底治理污染，并达到污染治理与防治相结合的目标，世界锑都、百年老矿也将在未来重披绿装。

从四大区域上来看，东部地区的环境效率始终处在相对较高的水平之上，中部、西部和东北部地区的环境效率差距不是很明显，但基本上都低于全国平均水平，而且基本的增长趋势也是在2003年到2013年之间呈现缓慢增长，从2014年开始增幅变大（见图5-3）。

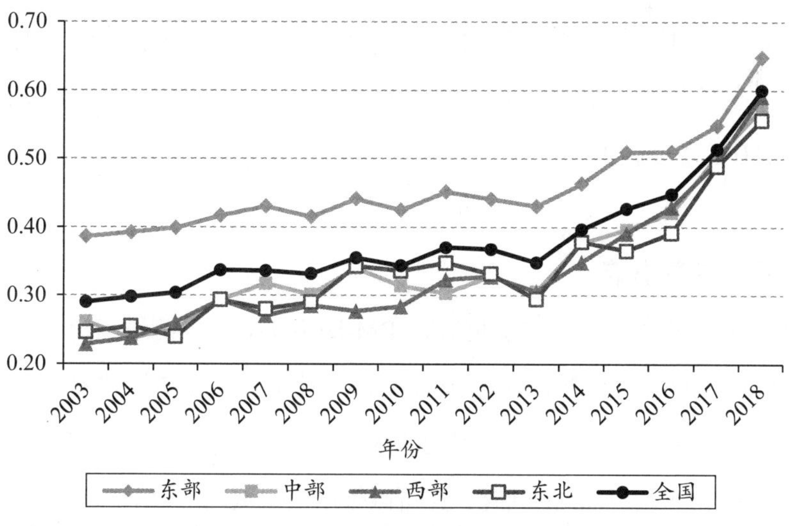

图5-3　主要区域环境效率变化趋势

5.5 我国区域环境管理的技术效率与结构效率分析

随着时间的推移，技术效率不断提升，技术效率变化趋势与综合环境效率类似，均呈缓慢上升的趋势（见图5-4）。

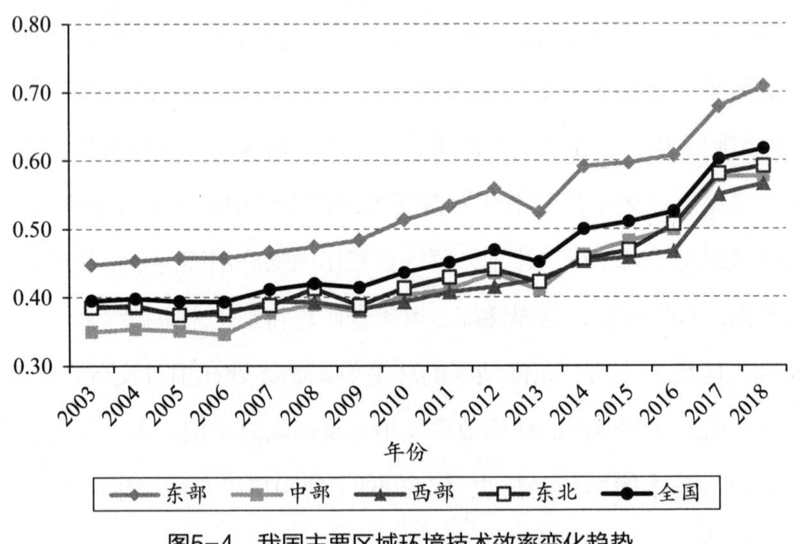

图5-4 我国主要区域环境技术效率变化趋势

2010—2014年，结构效率基本没有上升，甚至还有下降的趋势，直到2015年开始又重新上升（见图5-5），说明2015年以后产业结构的调整是推动区域环境效率提升的重要因素。

5.6 本章小结

本章提出了非期望产出的四阶段 SBM-DEA 方法，并测量了2003—2018年中国275个地级及以上城市的综合环境效率、技术效率和结构效率。非期望产出的四阶段 SBM-DEA 方法具有非径向和非角度的特点，可以避免传统 DEA 模型中投入和产出松弛性的问题，还可以根据松弛量确定效率的改善方向；并且三阶段 DEA 方法的运用有助于剔除外部环境和随机因素对效率评价结果的影响，测算得到的结果真实反映了决策单元的内部管理水平；另外可以从投入

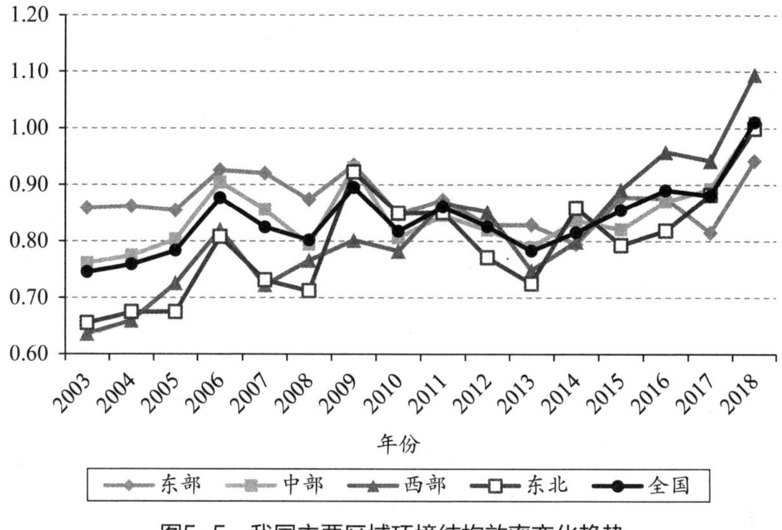

图5-5　我国主要区域环境结构效率变化趋势

和产出角度全方位分析外部环境因素对效率测算的影响情况，能帮助我们更好地理解外部环境对效率水平的作用机理。最重要的是本方法可以将决策单元的综合效率值进一步分解为技术效率和结构效率，为深入分析决策单元的环境效率结构提供基础。

通过对我国275个地级及以上城市2003年到2018年的环境效率值的分析可以发现，环境变量和随机因素会高估城市的环境效率。从四大区域上看，东部地区的平均初始环境效率最高，其次是东北地区，然后是西部地区，最差是中部地区；但是剔除环境变量和随机因素后，东部地区的平均综合环境效率依然最高，其次是中部地区，然后是东北地区，最差是西部地区；从全国区域来看，有152个城市被高估，123个城市被低估，具体到各个省份的偏离程度，河北、山西、黑龙江、河南、湖北、贵州等是低估城市较多的省份。2018年处于效率前沿面的城市有北京市、天津市、上海市、苏州市、长沙市、广州市和深圳市，除了长沙和北京以外，全是东部沿海发达城市。我国环境效率整体上在提升，但从2003年到2013年的增长幅度不大，从2014年开始呈现较高速度的增长。根据技术效率和结构效率的取值，可以将我国城市分为“有效型”“双高型”“高低型”“低高型”和“双低型”5类，其中大部分城市处于“低高型”和“双低型”，说明我国城市的环境效率整体上水平不高，从技术水平和产业结构层面都具有较大的提升空间。

第6章　基于空间 DID 的排污权交易制度影响区域环境效率的实证研究

6.1 引　言

第5章测算了我国275个地级及以上城市2003—2018年的环境效率值，这为进一步检验排污权交易制度对环境效率影响奠定了基础。本章构建空间 DID 回归模型实证分析排污权交易制度对环境效率影响。空间 DID 回归模型有两个特征，一方面考虑环境效率空间自相关对回归结果的影响，另一方面考虑到我国各地区排污权交易制度实施时间的差异，将多期双重差分纳入分析框架，基于该模型估计的排污权交易制度实施效果更加准确科学。

6.2 研究方法

6.2.1 多期 DID 模型

双重差分模型（DID）是目前学界进行政策效果评估最主要的研究方法，其原理是通过准自然实验的形式，在反事实框架下评估受政策影响和不受政策影响下被解释变量的变化情况。在双重差分模型中，政策解释变量是严格外生的，因而不存在与被解释变量互为因果的内生性问题。在面板数据的双重差分模型中，利用固定效应模型还能有效缓解遗漏变量偏差问题（陈林 等，2015）。因为双重差分的诸多优点，周黎安等（2005）最早将其运用到我国的农村税费改革效果评估中，从而为我国相关政策效果的科学量化评估提供了一个非常重要的分析思路与工具。针对排污权交易制度，在双重差分建模过程中，

引入时期虚拟变量 $time_t$ 和排污权交易政策城市变量组 $treat_i$。标准的 DID 模型如下：

$$EE_{it}^{k}=\alpha_k+\gamma_k time_t+\delta_k treat_i+\beta_k treat_i\times time_t+\phi_k Z_{it}+\varepsilon_{it} \tag{6.1}$$

其中，$EE_{it}^{k}(k=1,2,3)$ 分别对应城市 i 在 t 年的综合环境效率、技术效率和结构效率，即第5章定义的 CE_{it}、TE_{it} 和 SE_{it}（$EE_{it}^{1}=CE_{it}, EE_{it}^{2}=TE_{it}, EE_{it}^{3}=SE_{it}$）。组别虚拟变量 $treat_i=1$或0分别表示城市 i 开展了排污权交易或没有开展排污权交易；处理时间虚拟变量 $time_t=1$或0分别表示该年开展了排污权交易或没有开展排污权交易。Z_{it} 是其他影响环境效率的其他因素（自变量）向量，ε_{it} 表示随机扰动因素。系数 $\beta_i(i=0,1,2)$ 的估计量$\hat{\beta}_i$ $(i=0,1,2)$ 是标准的二重差分模型估计量，即排污权的政策效应。我国从2007年开始，先后在江苏、天津、浙江等11个省份开展排污权交易试点工作，按照双重差分模型的设定，$time_t$ 在2007年以前等于0，否则等于1。但是实际情形是，尽管中央出台了启动排污权交易试点的政策，但各个地区的执行状况不一样，有些省份迅速建立起了全省的排污权交易平台并付诸实施（如江苏、浙江），但是有些省份因为各方面条件不成熟，采取循序渐进发展模式，如湖南实际上从2011年才在长沙、株洲、湘潭三市开始实施排污权有偿使用和交易试点，直到2015年，才覆盖至全省范围内的所有工业企业。面对这种情形，标准的双重差分模型在变量设定上存在困难，因此，本书采用更一般化的多期双重差分模型（Beck et al.，2010）：

$$EE_{it}^{k}=\alpha_k+v_i+\mu_t+\beta_k D_{it}+\phi_k Z_{it}+\varepsilon_{it} \tag{6.2}$$

可见，在公式（6.2）中，不包含 $treat_i+time_t+treat_i\times time_t$ 的标准 DID 组合，只剩下 D_{it} 这个虚拟变量，此处 D_{it} 表征的是城市 i 在 t 时间是否实行排污权交易制度，在实行了排污交易制度年份之后取值为1，否则为0。μ_t 表示时间固定效应，v_i 表示个体固定效应。由此可以看出，多期的双重差分模型的设计方法和双重差分类似，包含了 $treat_i$、$time_t$、$treat_i\times time_t$ 以及控制变量，不同之处在于多时期的双重差分 $time_t$ 和 $treat_i$ 均不固定，随时间变化，而 D_{it} 能捕捉这一过程。DID 方法允许我们控制一些被遗漏的变量，本书使用时间固定效应以控制全国范围内的冲击，以及改变环境效率的时间趋势，比如经济周期以及国家层面的环境规制法律，环境效率的长期趋势以及其他因素的参与变化，不可观测的省级层面的影响环境效率的特征，同时本书在省一级的层面上进行标准误聚类，这允许省级层面在不同时间上的误差项存在相关性。

6.2.2 空间 DID 回归模型

地理学三大定律表明，每一个地区在空间上都不是独立存在的，按照空间距离上的远近或多或少都会受其他地区的影响。因此，影响环境效率的各投入要素在各个城市间并不是相互独立的，各地区的环境效率也不是相互独立的，某个城市的投入要素可能会影响其他城市的相关要素，同时也会受其他城市的影响。所以，在分析排污权交易制度对环境效率的影响时，不能忽略相关要素具有的空间相关性特征，否则会使估计的结果出现偏差。基于此，本书结合空间计量分析方法和双重差分模型，考察排污权交易制度对环境效率影响，对空间溢出效应进行实际测度，从而避免因经济活动的空间相关性导致的估计偏误。

为了研究排污权交易制度对环境效率的影响，本书采用了三种不同的空间回归模型，分别测度了空间相关性和空间聚类的不可观测影响：（1）空间自回归模型（Spatial Autoregressive，SAR），该模型只包含空间因变量滞后项，也称空间滞后模型（Spatial Lag Model，SLM）；（2）空间误差模型（Spatial Errors Model，SEM），该模型只包含空间误差自相关项；（3）空间杜宾模型（Spatial Durbin Model，SDM，又称空间交互模型），该模型同时包含了 SAR 和 SEM 两种模型的空间传导机制。在空间计量模型的分析框架下，某一个城市实行排污权交易制度，很有可能对邻近城市的环境效率产生空间溢出效应，而不管该邻近城市是否实行了排污权交易制度。

空间自回归模型（SAR）表示如下：

$$EE_{it}^{k}=\lambda_k\sum\omega_{ij}EE_{it}^{k}+\beta_k D_{it}+\phi_k Z_{it}+\nu_i+\mu_t+\varepsilon_{it} \tag{6.3}$$

式中，$\lambda_k(k=1, 2, 3)$ 是空间自回归系数；$W=(\omega_{ij})$ 是描述每两个城市之间关系的空间权重矩阵。

空间误差（SEM）模型表示如下：

$$EE_{it}^{k}=\beta_{k}D_{it}+\phi_{k}Z_{it}+\nu_{i}+\mu_{t}+\sigma_{it}^{k},\ \ \sigma_{it}^{k}=\lambda_{k}\sum\omega_{ij}\sigma_{it}^{k}+\varepsilon_{it} \tag{6.4}$$

式中，σ_{it}^{k} 表示空间自相关误差项，$\lambda_{k}(k=1, 2, 3)$ 反映了误差项的空间自相关系数。其他参数与上述相同。在回归过程中，空间误差模型忽略了空间自相关变量，因此模型可能产生空间自相关误差。空间自回归模型假设，除了解释变量外，一个城市的环境效率还受其附近城市的空间加权效率的影响。SAR 和 SEM 模型都考虑了城市间的相互作用。同时，因变量受某些空间滞后自变量影响，因此，需要同时考虑两种空间相互作用情况。空间杜宾模型（SDM）包含因变量和自变量的空间滞后两种情形，设定如下：

$$EE_{it}^{k}=\lambda_{k}\sum\omega_{ij}EE_{it}^{k}+\delta_{k}\sum\omega_{ij}(D_{it}+Z_{it})+\beta_{k}D_{it}+\phi_{k}Z_{it}+\nu_{i}+\mu_{t}+\varepsilon_{it} \tag{6.5}$$

如上所述，SAR、SEM 和 SDM 三类模型代表了不同的空间传导机制以及经济内涵。SAR 模型假定不同地区的环境效率会相互依赖或竞争，最终形成均衡的状态，具体可表现为“竞相向上”或“逐底向下”等不同形态；SEM 模型假定空间相关性主要体现在误差项当中，也就是可能某些遗漏变量或者随机冲击具有空间相关性；而 SDM 模型则同时包含了 SAR 和 SEM 的特点，并且还考虑了解释变量之间的空间交互作用（白俊红 等，2017）。

由于空间计量模型包含了空间滞后项，在测算排污权交易制度对环境效率的影响大小时，不能简单地用自变量 D_{it} 的估计系数进行分析。可以根据空间效应作用的范围和对象的不同，将空间计量模型中自变量对因变量的影响分为直接效应、间接效应和总效应。直接效应表示排污权交易制度变量 D_{it} 对本区域环境效率的平均影响，间接效应也称空间溢出效应，表示排污权交易制度变量 D_{it} 对其他区域的环境效率的平均影响，而总效应表示排污权交易制度变量 D_{it} 对全部区域产生的平均影响。结合 Lesage 等（2009）的研究，利用偏微分方法将自变量的直接效应和间接效应剥离，从而正确测度空间 DID 模型中排污权交易制度对环境效率产生的直接效应、间接效应和总效应。具体计算过程如下：

将公式（6.5）用一般形式展示：

$$(I-\lambda W)EE^k=\beta D+\phi Z+\delta W(D+Z)+\varepsilon \tag{6.6}$$

令 $P(W)=(I-\lambda W)^{-1}$，$Q(W)=P(W)\times(\beta+\delta W)$，$R(W)=P(W)\times(\phi+\delta W)$，则上式可以转化为：

$$EE^k=Q(W)D+R(W)Z+P(W)\varepsilon \tag{6.7}$$

其中，$Q(W)$、$R(W)$、$P(W)$ 都是关于 W 以及相应参数（β、ϕ）的 $n\times n$ 方阵（n 为城市个数），把公式（6.7）式矩阵形式展开来写：

$$\begin{bmatrix} EE_1^k \\ EE_2^k \\ \vdots \\ EE_n^k \end{bmatrix}=\begin{bmatrix} Q(W)_{11} & Q(W)_{12} & \cdots & Q(W)_{1n} \\ Q(W)_{21} & Q(W)_{22} & \cdots & Q(W)_{2n} \\ \vdots & \vdots & \ddots & \vdots \\ Q(W)_{n1} & Q(W)_{n2} & \cdots & Q(W)_{nn} \end{bmatrix}\begin{bmatrix} D_1 \\ D_2 \\ \vdots \\ D_n \end{bmatrix}+R(W)Z+P(W)\varepsilon \tag{6.8}$$

式中，$Q(W)_{ij}$ 为 $Q(W)$ 的 (i,j) 元素。根据方程（6.8）可知：

$$\frac{\partial EE_i^k}{\partial D_j}=Q(W)_{ij} \tag{6.9}$$

由此可见，城市 j 的变量 D_j（是否实行排污权制度）对任一城市 i 的环境效率（EE_i^k）都可能有影响，这正是空间相关的真谛。特别地，$Q(W)$ 对角线上的元素反映了特定空间单元里 D_i 的变化对本单元因变量造成的直接影响，即直接效应，将所有对角线的元素进行平均即为“平均直接效应”，其值为：

$$direct=\frac{1}{n}\sum\frac{\partial EE_i^k}{\partial D_i}=\frac{1}{n}\sum_{i=1}^{n}Q(\boldsymbol{W})_{ii} \tag{6.10}$$

非对角线上的元素表示了特定空间单元 D_i 变量的变化对其他空间单元因变量的间接影响，即空间溢出效应或间接效应，对所有非对角线上元素进行平均即为“平均间接效应”，其值为：

$$indirect=\frac{1}{n(n-1)}\sum_{i=1}^{n}\sum_{j\neq i}^{n}\frac{\partial EE_i^k}{\partial D_j}=\frac{1}{n(n-1)}\sum_{i=1}^{n}\sum_{j\neq i}^{n}Q(\boldsymbol{W})_{ij} \tag{6.11}$$

平均直接效应和平均间接效应之和即为平均总效应，也是所有元素的平均值：

$$total = direct + indirect \tag{6.12}$$

由于引入了空间权重矩阵，空间回归模型存在内生性问题，传统的 OLS 估计有偏。因此，通常使用最大似然法估计空间面板模型（Elhorst，2012）。因为每个城市都具有不随时间变化或变化很小的特征，例如不可观测的地理特征和资源禀赋，虽然在第5章进行环境效率估计时尽可能剔除了相关环境因素的影响，但仍有可能有遗漏变量。因此，本书主要关注的是固定效应的估计过程，其中时间固定效应控制对特定时间的冲击，这些冲击会影响经济因素，如经济危机、石油冲击和国家环境政策，从而导致系数在每个时间单位中变化。为了完备性，我们还估计了随机效应模型，并使用 Hausman 诊断检验来确定哪个模型更适合数据。对两个模型进行了分析，并利用 Lagrange Multiplier（LM）检验和它的鲁棒性检验（Robust-LM）来确定空间关系的形式。为了验证空间面板数据模型是否提供了更合适的规范，我们使用 Wald 和 LR 测试了哪个空间面板数据模型最适合数据。我们使用 Wald 检验的零假设（H0：$\gamma=0$）来检验 SDM 模型是否可以简化为 SAR 模型。我们还探讨了 LR 检验的零假设（H0：$\gamma+\beta\lambda=0$），以确定 SDM 模型是否可以简化为 SAR 模型或 SEM 模型。如果两个零假设都被拒绝，则选择空间杜宾模型。

6.3 数据来源与变量解释

在进行双重差分估计时，为了避免随时间变化的城市个体层面的因素对结果的影响，本书参照李永友等（2008，2016）、景维民等（2014）的做法，选择金融水平、城镇化水平、市场化程度以及外商直接投资作为控制变量。各变量定义如下：金融水平定义为年末金融机构各项贷款余额占 GDP 比重；城镇化水平定义为城镇人口占总人口（包括农业与非农业）的比重；在度量市场化程度时，一般使用樊纲等（2003）的研究，但樊纲等人的研究只能找到部分年份而且是省级层面的数据，不满足本书研究需要，所以为简便起见，本书采用政府支出占 GDP 比重代理。之所以这么选择，因为对用代理方法获得的数据与樊纲等的研究给出的市场化指数进行相关性检验，相关系数非常高，这种代理选择至少不会改变数据整体趋势。外商直接投资情况采用本地外商直接投资占本地 GDP 比重表示。

本书研究的一个关键是各地区建立排污权交易市场的时间，虽然从20世纪80年代开始，上海、浙江等地区开始了排污权交易的探索，国家环保部也于2000年初在江苏、山西、河南等地开展排污权交易试点，即所谓“4+3+1”项目，但早期试点范围有限，且没有正式成立排污权交易中心，试点地区的排污权交易也不活跃。直到2007年，国家先后批复了江苏、天津、浙江等11个试点省市，排污权交易市场才正式在全国铺展开来，这11个省市均已在全省范围内建立起了排污权交易市场，但是时间有先后。如湖南从2011年开始在长沙、株洲和湘潭三地开展排污权交易试点，到2015年扩展到全省所有工业企业。河南从2009年开始在洛阳市、平顶山市、焦作市和三门峡市开始试点，在2014年推广至全省。

除了国家批复的试点省份和城市，非试点地区省份如福建、广东、贵州等自行开启了各自区域内的排污权交易试点市场。广东在2013年底于广州启动了排污权交易试点工作，江门市、湛江市政府分别与相关企业签署了排污权交易协议，然后在2014年出台了《关于在我省开展排污权有偿使用和交易试点工作的实施意见》，决定在全省范围内开展排污权交易试点；2017年，开始在佛山、东莞、珠海建立起较为成熟的排污权交易市场，广东省的排污权交易市场步入正轨，因此，本书设定广东的佛山、东莞、珠海为双重差分的实验组，实验时间为2017年，其他地区为对照组。福建于2014年出台了《关于推进排污权有偿使用和交易工作的意见（试行）》，2016年进一步发布《关于全面实施排污权有偿使用和交易工作的意见》，先行在造纸、水泥等8个行业试点推行，到2016年推广至全省，考虑到2014年福建已经在8个行业试行了排污权交易制度，因此本书设定福建各地市的排污权交易制度建立时间为2014年。四川在2011年于成都启动了排污权交易试点，之后没有进一步的工作，因此四川成都为双重差分的实验组，实验时间为2011年，其他地区为对照组。最终，实行排污权交易政策的城市和时间见附录6。

在计量模型中，权重矩阵是外生的，本书的主要结果分析基于空间距离矩阵，通过经度和纬度位置计算的城市的地表距离导数来表示，在稳健性检验部分展示了经济距离矩阵和引力模型空间矩阵的结果。

除去部分数据存在很大缺失的城市，本部分所使用的数据为2003—2018年中国275个地级市的平衡面板数据。除了部分缺失值采用插值法补齐外，其他数据均取自历年《中国统计年鉴》《中国城市统计年鉴》及各省市统计年鉴。表6-1展示了各个变量的描述性统计结果。

表6-1　变量的描述性统计

变量	含义	均值	标准差
综合环境效率	DEA 效率值	0.378	0.179
技术效率	DEA 效率值	0.425	0.169
结构效率	DEA 效率值	0.923	0.375
金融水平	年末金融机构各项贷款余额占 GDP 比重（%）	111.4	10.33
城镇化水平	城镇化率（%）	44.23	3.29
市场化程度	政府支出占 GDP 比重（%）	15.08	5.89
外商直接投资	外商直接投资占 GDP 比重（%）	1.5	0.28

6.4　空间相关性检验

第5章的结果显示我国区域环境效率存在一定的空间相关性，本部分进一步使用 Moran’ s I 指数进行区域环境效率的空间相关性检验。Moran’ s I 定义如下：

$$\text{Moran's I}=\frac{\sum_{i=1}^{n}\sum_{j=1}^{n}W_{ij}^{d}\left(Y_i-\bar{Y}\right)\left(Y_j-\bar{Y}\right)}{S^2\sum_{i=1}^{n}\sum_{j=1}^{n}W_{ij}^{d}}$$

其中$S^2=\frac{1}{n}\sum_{i=1}^{n}\left(Y_i-\bar{Y}\right)$，$\bar{Y}=\frac{1}{n}\sum_{i=1}^{n}Y_i$，$Y_i$表示第$i$个地区的环境效率值，$n$为城市数量（即为275），$W_{ij}^{d}$为空间距离权重矩阵。Moran' s I 介于 -1到1之间。大于0表示空间正相关，意味着相邻地区的环境效率呈现聚集趋势，接近于1时表明具有相似的属性聚集在一起（高值与高值、低值与低值）；小于0表示空间负相关，接近于 -1时表明具有相异的属性聚集在一起（高值与低值、低值与高值）；若 Moran' s I 接近于0，则表示环境效率是随机分布的，或者不存在空间自相关。

分别对综合环境效率值、技术效率值和结构效率值进行 Moran' s I 检验，结果见表6-2，结果表明环境效率值的空间自相关在任何一个显著水平上都具有统计学意义，而且除去2003年的综合环境效率值，其他均是正相关，即一个地区的环境效率改善会促进相邻地区的环境效率改善。比较环境技术效率值（TE）和环境结构效率值（SE）二者的 Moran' s I 指数值可以发现，环境结构效率值（SE）的 Moran' s I 指数值整体上要比技术效率值（TE）要小，说明技术进步的空间聚集性要大于产业结构的空间聚集性，通过技术的变化来影响相邻地区环境效率是环境效率空间溢出的主要途径。

表6-2　我国区域环境效率的 Moran's I 指数

	2003年	2004年	2005年	2006年	2007年	2008年	2009年	2010年
CE	–0.007	0.038	0.051	0.102	0.116	0.147	0.121	0.151
TE	0.100	0.106	0.146	0.189	0.197	0.214	0.165	0.156
SE	0.010	0.091	0.009	0.025	0.047	0.020	0.015	0.046
	2011年	2012年	2013年	2014年	2015年	2016年	2017年	2018年
CE	0.126	0.132	0.121	0.128	0.073	0.145	0.150	0.145
TE	0.145	0.157	0.086	0.103	0.156	0.134	0.133	0.131
SE	0.009	0.011	0.026	0.056	0.026	0.046	0.101	0.104

注：所有 Moran 的 I 统计量均在 99% 的置信区间内计算。

Moran 散点图也可以直观地描述空间关联性，它描绘了变量相对于原始变量的空间滞后。正如 Anselin（1996，2002）所指出的，Moran 散点图是直观地说明空间自相关的可视化工具。空间滞后是指一个位置的邻居的值。在 Moran 散点图中，*x* 轴表示标准化后的环境效率值，*y* 轴表示环境效率值的空间滞后值，所有值都是标准化变量，而不是原始数据。因此 *x* 轴和 *y* 轴都没有单位。图中的四个象限提供了四种空间自相关类型的分类：高高（右上）、低低（左下），表示正的空间自相关；高低（右下）和低高（左上），表示负的空间自相关。在图6-1、图6-2、图6-3中，绘制了样本中所有275个城市综合环境效率、技术效率和结构效率的散点图。整体上来说，综合环境效率和技术效率处在第三象限的城市居多，表明低效率城市与其他低效率城市“集聚”在一起，而结构效率的散点图比较分散，高高、低低、高低、低高城市并存。

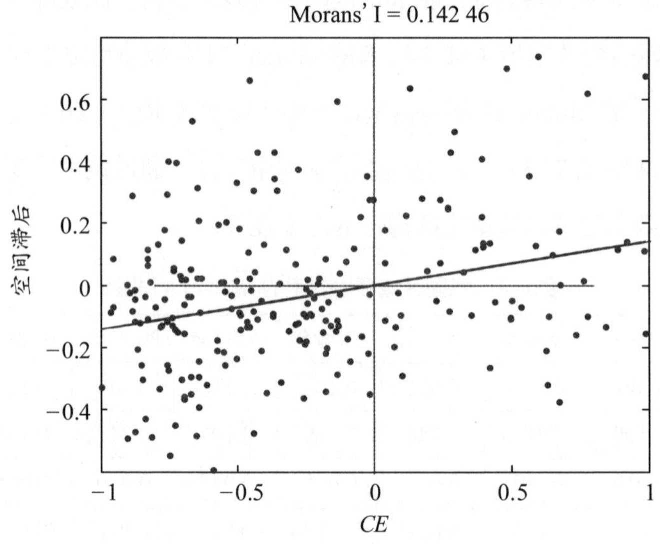

图6−1　综合环境效率 Moran 散点图

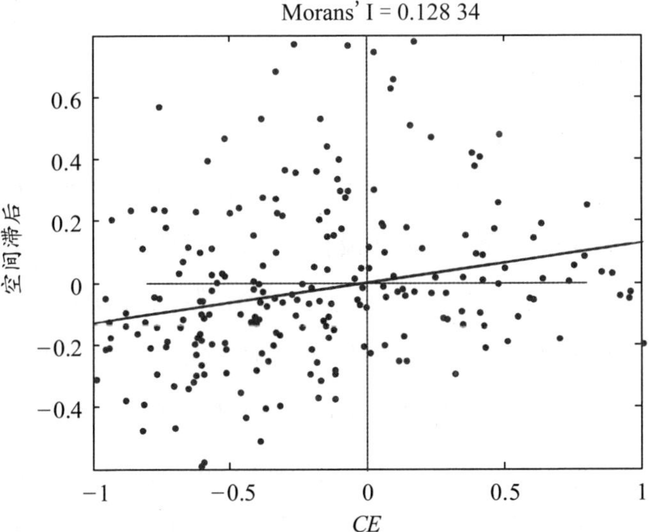

图6-2 技术效率 Moran 散点图

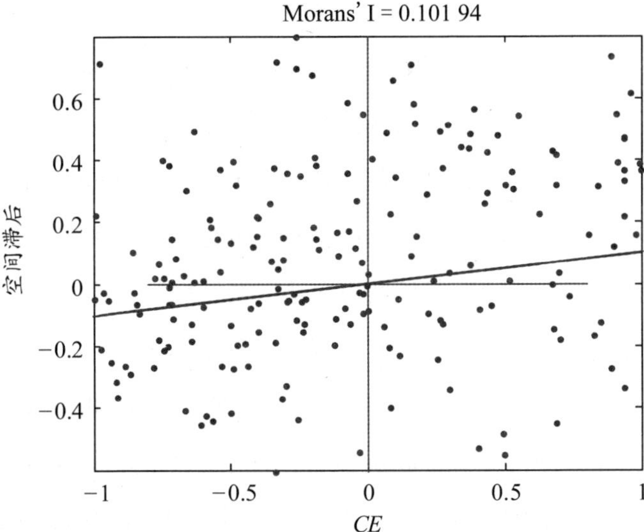

图6-3 结构效率 Moran 散点图

6.5 基准回归结果

6.5.1 空间回归结果

排污权交易制度对地区环境效率（综合效率、技术效率和结构效率）的影响回归结果见表6-3，第二列表示没有考虑空间交互的 OLS 估计结果，第三列、第四列和第五列显示的是 SAR 模型、SEM 模型和 SDM 模型的估计结果。为了确定最佳的模型，本书首先采用最小二乘（OLS）进行回归分析，然后对 OLS 估计的残差进行 LM 检验和 Robust LM 检验，判断环境效率是否存在空间相关性。对于综合环境效率（*CE*）的 LM 检验结果，在10% 和5% 显著性水平上分别拒绝了无空间滞后因变量的零假设和无空间自相关误差项的零假设，不过 Robust LM 检验结果不显著。同样，对于技术效率（*TE*）和结构效率（*SE*）的 LM 检验结果，两个假设在1% 显著性水平上被拒绝，Robust LM 检验结果显示不能在一定程度上拒绝原假设。虽然，Robust LM 检验结果的显著性不能通过，但结合6.4.1的分析以及 LM 检验结果和空间滞后系数的显著性，依然能够证明，空间面板模型比传统的混合面板数据模型具有更好的估计效果。从模型拟合效果来看，SAR 与 SDM 模型或 SEM 模型相比具有最显著的回归系数。为了进一步判断哪个空间回归模型更合适，对空间杜宾模型进行估计，然后进行 Wald 检验和 LR 检验。根据 *CE*、*TE* 和 *SE* 的 Wald 检验和 LR 检验结果，两个检验均不显著，也就是说 H0：$\gamma=0$以及 H0：$\gamma+\beta\lambda=0$两个假设均不能被拒绝。此外，我们进行了 Hausman 检验，三个效率的估计结果分别在5% 和1% 显著性水平下被拒绝。这些结果进一步表明，SAR 模型能够简化为相应的 SAR 或 SEM 模型。因此，本书采用具有固定效应的 SAR 模型进行结果分析。

表6-3结果显示排污权交易制度对区域环境效率的回归系数分别为0.169 1、0.114 7和0.115 8，说明中国排污权交易制度政策显著提高了区域的综合环境效率、环境技术效率和环境结构效率。对比 OLS 模型、SEM 模型和 SDM 模型，虽然在估计系数大小存在一定差别，但基本上都反映了排污权交易制度对区域

表6-3　综合环境效率（*CE*）估计结果

变量	综合环境效率（*CE*）				
	OLS	SAR	SEM	SDM	
				X	$X\times W^d$
排污权交易制度	0.169 1*** （0.022 3）	0.114 7*** （0.011 0）	0.150 8*** （0.050）	0.107 6* （0.067）	0.074 6** （0.040）
金融水平	0.056 7 （0.081 0）	0.063 1*** （0.031 2）	0.063 1*** （0.009 6）	0.129 2*** （0.014 15）	−0.028 9*** （0.006 81）
城镇化水平	0.711 7** （0.374 0）	0.511 9*** （0.091 1）	0.311 9*** （0.036 58）	0.404 7** （0.092 0）	0.010 0*** （0.004 0）
市场化程度	0.343 2** （0.197 3）	0.103 5*** （0.021 0）	0.335 4** （0.192 9）	0.575 9** （0.298 1）	0.214 4* （0.136 0）
外商直接投资	−0.064 2* （0.045 6）	−0.076 3** （0.036 0）	−0.083 2* （0.057 7）	−0.082 8** （0.044 2）	−0.008 9 （0.008 5）
λ		0.095 0*** （0.021 5）	0.114 2*** （0.041 1）	0.137 7** （0.020 2）	
Log-likelihood	−237.942 1	−237.296 1	−236.783 9	−219.400 6	
LM spatial lag	20.057 2***				
LM spatial error	15.791 5***				
Robust LM spatial lag	0.071 3				
Robust LM spatial error	0.805 7				
Durbin-Watson	1.683 9	1.682 2	1.668 5		1.789 0
Wald Test		1.246 1	1.400 6		
LR Test		1.198 1	1.222 0		
Hausman test		34.001 1**	23.664 2**	25.210 9**	
Spatial fixed effects	YES	YES	YES	YES	
Time fixed effects	YES	YES	YES	YES	
R^2	0.151 7	0.039 8	0.041 9	0.123	

注：括号内为标准误；*、**、*** 分别代表通过显著性水平 10%、5%、1% 的检验；W^d 为空间距离权重矩阵。

环境效率的正向影响关系，不考虑环境效率的自相关特性，高估排污权交易制度的影响效应。三种效率值的空间自相关系数均显著为正，再一次验证了环境效率的空间自相关性。上述结果表明，排污权交易制度显著提高了区域环境效率。

金融发展水平有助于提高我国各地区的环境效率。企业融资难、融资成本高一直是困扰企业发展的首要难题，金融发展水平的提升有助于改善缓解工业部门的融资难题，使其有更多的资金进行技术研发与减排活动，提高企业效率，减少污染排放，融资效率是推动工业部门降成本、去杠杆、增效率的关键。这也是全国各地区的金融集聚水平和产业结构升级之间存在长期稳定的均衡关系的关键原因。

城镇化水平与环境效率显著正相关。理论上，城市发展对环境效率的作用路径是双向的。一方面，城镇化水平的不断提高，城市人口不断聚集，产业规模不断扩大，对资源的消耗和污染的排放也不断增加，意味着城镇化水平会使得城市的环境质量下降，环境效率降低，此时城镇化水平与环境效率负相关；另一方面，城镇化使得农村人口向城市聚集，从而摆脱相对效率较低的第一产业，从事效率更高的第二产业或第三产业，而且随着城镇化的不断推进，民众环保意识的不断增强，城市产业结构不断调整优化以及企业生产率水平不断提高，都促进了城市环境效率的不断提升，此时城镇化水平与环境效率正相关。从国外的发展路径来看，在城镇化早期阶段，城镇化水平的提高会损害环境效率，但到了城镇化发展的中后期，则有助于改善环境效率。我国目前虽然城镇化水平相对发达国家还较低，但是得益于中央政府近年来对环境保护的重视，没有走“先污染，后治理”的老路，在新型城镇化建设的进程中，较好地保护了城市环境。因此，城镇化水平有助于提升环境效率。

市场化程度与环境效率显著正相关。市场化对区域环境效率的影响主要有三个方面，一是市场化改革有助于打破国有企业的垄断，使更多民营企业参与到市场竞争中来，整体上促进企业生产水平的提升；二是市场化程度的不断提升有助于知识产权、人才、资本等生产要素的自由流动，有效促进资源的优化配置；三是市场化改革让市场决定哪些企业、哪些产业适合存在，也就是部分低效能、高能耗、高污染的企业或产业被迫退出市场，区域产业结构不断调整升级。因此，市场化程度的提升不断改善了区域环境效率。

表6-3的结果还显示外商直接投资降低了环境效率，虽然基于“污染光环”假说，外商直接投资是通过降低企业融资约束、提高企业生产效率和缓解政策扭曲等途径来纠正资本市场扭曲，提高资本配置效率。而基于“污染避难所”假说，外商直接投资显著促进了主要污染物排放量的上升，从而降低地区环境效率。因此，本书在一定程度上支持了“污染避难所”假说。

6.5.2 直接效应、间接效应和总效应

表6-3结果显示，在分析排污权交易制度对区域环境效率的影响时不能忽略环境效率空间自相关性，否则会高估其影响。排污权交易制度对区域环境效率影响的总效应是其直接影响当地环境效率的直接效应和通过其他地方空间溢出的间接效应之和，根据6.4提供的直接效应、间接效应和总效应计算公式，得到表6-4。从表中可以看出排污权交易制度对三种环境效率的直接效应和空间溢出效应均显著为正，表明排污权交易制度对环境效率一方面具有显著的直接效应，另一方面其所形成的空间溢出效应也能显著促进其他地区环境效率的提升。排污权交易制度所带动的综合环境效率空间溢出增长效应占总增长效应的10% 以上，对技术效率的空间溢出增长效应在总增长效应中接近40%，对结构效率的空间溢出增长效应在总增长效应中也接近10%。与 OLS 的估计系数相比，SAR 模型的排污权交易制度对三种环境效率的直接效应更小，这也在一定程度上说明了 OLS 估计由于没有考虑空间效应而高估了排污权交易制度的直接效应。

表6-4　排污权交易制度的直接效应、间接效应和总效应

	综合环境效率（*CE*）		技术效率（*TE*）		结构效率（*SE*）	
	系数	*P* 值	系数	*P* 值	系数	*P* 值
直接效应	0.092 3***	0.000	0.045 5***	0.003	0.100 2***	0.009
间接效应	0.011 2**	0.034	0.029 7***	0.010	0.013 3**	0.032
总效应	0.103 5***	0.000	0.075 2***	0.000	0.143 5***	0.000

注：*、**、*** 分别代表通过显著性水平 10%、5%、1% 的检验。

6.6　环境质量、规制强度与实施效果

尽管前面分析中已经控制了各地区的金融发展、市场化程度、城镇化水平和外商直接投资等因素，但不可忽略当地本身环境质量以及排污权交易制度执行的异质性对结果的影响。有研究表明，环境政策法规的执行效果依赖于处理组当地环境质量与污染排放状况（包群 等，2013），即对于污染排放较为严重的地区，排污权交易制度应该具有更好的效果。我们以排污权交易制度实施前一年份的当地 SO_2 排放量作为依据，对不同处理组的环境质量进行划分。首先计算了不同年份中 SO_2 排放量的污染排放平均水平，将实际污染排放水平高于平均值的地区划分为高污染地区样本，记为 $dh=1$；反之则为轻污染地区，有 $dh=0$。

考虑地区环境质量差异后的估计模型为：

$$EE_{it}^{k}=\lambda_k\sum\omega_{ij}EE_{it}^{k}+\beta_1\cdot dh+\beta_2\cdot D_{it}+\beta_3\cdot dh\cdot D_{it}+\phi_k Z_{it}+v_i+\mu_t+\varepsilon_{it}$$

上式中 β3度量了高污染地区相对低污染地区在排污权交易制度实施后对环境效率的影响效果。表6-5显示划分了重度与轻度污染地区两类子样本的估计结果，表中结果支持了排污权交易制度实施效果的确与当地环境质量状况密切相关。具体来说，Dit 的系数依然显著为正，同时 dh · Dit 的系数也为正，这表明，与低污染地区相比，排污权交易制度对区域环境效率的提升作用在高污染地区相对更大，即使采用工业废水排放量作为环境质量的指标进行同样的

估算，结果也基本类似。

表6-5　环境质量对排污权交易制度效果的调节作用

变量	综合环境效率（*CE*）				
	OLS	SAR	SEM	SDM	
				X	$X \times W^d$
$dh \cdot D_{it}$	0.010 3*** （0.001 3）	0.098 8*** （0.037 3）	0.072 2*** （0.022 3）	0.053 9*** （0.013 0）	0.099 0* （0.063）
D_{it}	0.154 3*** （0.042 3）	0.130 9** （0.061 0）	0.126 5*** （0.045 0）	0.086 8** （0.049）	0.077 2 （0.050）
dh	0.299 2*** （0.074 4）	0.346 2** （0.192 3）	0.277 2** （0.133 1）	0.109 9*** （0.036 6）	0.102 2* （0.069 2）
λ		0.089 5*** （0.028 9）	0.123 3*** （0.033 1）	0.134 2*** （0.041 8）	
控制变量	YES	YES	YES	YES	
Spatial fixed effects	YES	YES	YES	YES	
Time fixed effects	YES	YES	YES	YES	
R^2	0.190 3	0.127 1	0.237 1	0.173 4	

注：括号内为标准误；*、**、*** 分别代表通过显著性水平 10%、5%、1% 的检验；W^d 为空间距离权重矩阵。

上述结果可能的原因是，环境质量越差的地区严格执法方面的动机越强烈，因此同样在实行排污权交易制度的地区，污染相对严重的地区会采取更严格的环境规制执行强度，从而使当地的排污权交易更为活跃，排污权交易市场的效率更高。大量的研究发现中国环境规制制度执行存在低效率问题（Allen et al.，2005；包群 等，2013）。涂正革等（2015）的研究也发现环境执法不严导致的市场低效是阻碍实现波特效应的重要因素。

目前学界对环境规制指标的选取存在不同的做法，出于数据获取方便的考虑，大多选用环境质量指标表示环境规制，本书参照黄清煌等（2017）的做法，使用综合治污效果作为环境规制指标，根据各指标权重系数（ω_{ijk}），将工

业 SO_2 去除率、工业烟（粉）尘去除率和工业固体废物综合利用率[①]三个基础治污效果指标标准化后加权求和，即可得到环境规制强度。指标系数 ω_{ijk} 的计算公式如下：

$$\omega_{ijk}=\left(E_{ijk}\Big/\sum_{i=1}^{275}E_{ijk}\right)\Big/\left(G_{ij}\Big/\sum_{i=1}^{275}G_{ij}\right) \tag{6-13}$$

其中，E_{ijk} 为城市 i 在 j 年中污染物 k 的排放量，G_{ij} 城市 i 第 j 的工业增加值。本书以排污权交易制度实施的前一年所有城市的环境规制强度中位数为依据，将处理组城市分为两类：规制强度均值大于中位数的城市设为 $dm=1$，即环境规制强度高；反之则 $dm=0$，即这些城市虽然实施了排污权交易制度但环境规制强度较弱。

考虑了各城市的环境规制强度后，我们以下述双重差分法模型来进行估计：

$$EE_{it}^{k}=\lambda_k\sum\omega_{ij}EE_{it}^{k}+\beta_0\cdot dm+\beta_2\cdot D_{it}+\beta_3\cdot dm\cdot D_{it}+\phi_k Z_{it}+\nu_i+\mu_t+\varepsilon_{it}$$

上式中，β_3 度量了环境规制强度对排污权交易制度实施效果的影响，即相对于环境规制强度小的城市而言，环境规制强度高的城市在实施排污权交易制度后的环境效率变化。表6-6给出了考虑了环境规制强度的结果。具体来说，D_{it} 的系数依然显著为正，同时 $dh\cdot D_{it}$ 的系数也为正，这表明，与低环境规制强度地区相比，排污权交易制度对区域环境效率的提升作用在环境规制强度较高地区相对更大。

① 严格来说，工业废水排放达标率也是环境规制强度的一个关键指标，但是自2011年起，统计年鉴中无工业废水排放达标率这一指标，故本文未考虑这一指标。另外，2011年以后的工业二氧化硫去除率采用工业二氧化硫产生量与工业二氧化硫排放量之差计算。自2011年起，工业固体废物分为一般工业固体废物和危险固体废物，故从2011年开始将两者合并来计算工业固体废物。

表6-6　环境规制强度对排污权交易制度效果的调节作用

变量	综合环境效率（*CE*）				
	OLS	SAR	SEM	SDM	
				X	$X \times W^d$
$dh \cdot D_{it}$	0.009 9*** （0.002 1）	0.077 1*** （0.036 7）	0.081 1** （0.041 2）	0.066 1* （0.039 2）	0.081 3* （0.057 2）
D_{it}	0.160 9** （0.079 9）	0.191 1*** （0.066 1）	0.134 4** （0.045 0）	0.105 6*** （0.058 9）	0.066 6 （0.041 1）
dh	0.095 5** （0.055 1）	0.088 8*** （0.022 0）	0.070 2** （0.030 5）	0.085 5** （0.050 1）	–0.040 4 （0.037）
λ		0.099 9*** (0.025 5)	0.087 71*** (0.036 7)	0.1001*** (0.039 9)	
控制变量	YES	YES	YES	YES	
Spatial fixed effects	YES	YES	YES	YES	
Time fixed effects	YES	YES	YES	YES	
R^2	0.177 7	0.200 1	0.199 0	0.183 5	

注：括号内为标准误；*、**、*** 分别代表通过显著性水平10%、5%、1%的检验。

6.7　技术进步和结构调整的机制分析

第4章理论分析表明，排污权交易制度既能提升技术创新水平，也能促进产业结构调整，以此提高区域环境效率。本部分基于第5章测算的环境技术效率和环境结构效率实证检验这两条途径。表6-7和表6-8分别显示了排污权交易制度对环境技术效率与环境结构效率的影响结果。从中可以发现，排污权交易制度同时通过提高环境技术效率和环境结构效率来提升环境效率。一方面，从理论上来说，短时间内，企业为了合规生产而不得不重新调整资源分配，甚至有可能需要付出更多人力、物力和资金，从而造成生产成本的增加。但是，长期来看，排污权交易制度给企业带来压力的同时也不断刺激企业进行技术创新，生产技术的改进不仅可以弥补污染治理方面所增加的成本，更加有利于企业的长足发展。另一方面，排污权交易制度是从中央到地方所实行的污染治理制度，政府充分发挥了其引导作用，同时该制度也坚持以市场为导向，高污染高能耗的企业面临淘汰或重组，地方产业实现转型升级。近年来，我国环境保护意识逐步增强，节能减排、污染治理成为势在必行，同时又正值经济高速转型发展关键时期，在实现经济发展与保护环境的双重重压之下，排污权交易制度为我们提供了重要方向。

表6-7 环境技术效率（*TE*）估计结果

变量	环境技术效率（*TE*）				
	OLS	SAR	SEM	SDM	
				X	$X\times W^d$
排污权交易制度	0.129 3*** （0.017 5）	0.058 8*** （0.003 5）	0.077 4*** （0.003 8）	0.049 2*** （0.005 0）	0.093 2 （0.078 1）
金融水平	0.022 2 （0.034 1）	0.039 2*** （0.013 2）	0.027 7* （0.019 4）	0.047 2*** （0.009 1）	0.021 3 （0.028 3）
城镇化水平	0.003 2* （0.002 4）	0.001 0*** （0.000 3）	0.003 6 （0.013）	0.001 3*** （0.000 5）	−0.000 8 （0.001 2）
市场化程度	0.681 1*** （0.231 1）	0.953 0*** （0.123 1）	0.698 8* （0.440 9）	0.525 3** （0.237 8）	0.684 4** （0.393 4）
外商直接投资	−0.086 7 （0.191 8）	−0.414 0** （0.261 2）	−0.116 9 （0.127 4）	−0.103 6 （0.102 2）	−0.099*** （0.020 5）
λ		0.122*** （0.013 3）	0.173 7*** （0.029 8）	0.144 6*** （0.059 1）	
LM spatial lag	42.014 5***				
LM spatial error	18.418 8***				
Robust LM spatial lag	29.166 7***				
Robust LM spatial error	5.571**				
Wald Test		17.580 9**	19.212 5***		
LR Test		1.006 7	0.671 8		
Hausman test	40.002 3***	45.002 3***	44.993 4***	52.238 6***	

表6-7（续）

变量	环境技术效率（*TE*）				
	OLS	SAR	SEM	SDM	
				X	$X\times W^d$
Spatial fixed effects	YES	YES	YES	YES	
Time fixed effects	YES	YES	YES	YES	
R^2	0.318 9	0.186 2	0.185 9	0.215 3	

注：括号内为标准误；*、**、*** 分别代表通过显著性水平10%、5%、1%的检验；W^d 为空间距离权重矩阵。

表6-8　结构效率（SE）估计结果

变量	结构效率（*SE*）				
	OLS	SAR	SEM	SDM	
				X	$X\times W^d$
排污权交易制度	0.209 1** （0.049 4）	0.147 7*** （0.026 7）	0.150 5*** （0.027）	0.170 8*** （0.015）	0.072 4** （0.002 4）
金融水平	0.053 3 （0.68）	0.063 4 （0.11）	0.063 5 （0.076）	0.139 2*** （0.034 1）	−0.041 （0.68）
城镇化水平	0.002 7 （−0.002 7）	−0.001 3 （0.000 3）	−0.019 （−1.365 68）	−0.004 2*** （−3.2）	0.000 0 （−0.04）
市场化程度	0.126 5*** （3.267 35）	0.356 0*** （−3.21）	0.542 5** （3.292 98）	0.751 2*** （−4.79）	0.446 4 （1.6）
外商直接投资	−0.264 2* （−1.990 1）	0.636 7 （−1.61）	−0.120 8* （1.709 48）	−0.124 2** （−2.38）	−0.093 7 （−0.71）
λ		0.095 0*** （0.003 9）	0.112 （0.521）	0.078** （0.02）	
Log-likelihood	−237.942 1	−237.296 1	−236.783 9	−219.400 6	
LM spatial lag	3.057 2*				
LM spatial error	3.791 5**				
Robust LM spatial lag	0.071 3				
Robust LM spatial error	0.805 7				

表6-8（续）

变量	结构效率（*SE*）				
	OLS	**SAR**	**SEM**	**SDM**	
				X	$X \times W^d$
Wald Test		0.946 1	0.400 6		
LR Test		0.198 1	0.222 0		
Hausman test	33.990 2**	67.022 1**	45.347 8**	23.578 2**	
Spatial fixed effects	YES	YES	YES	YES	
Time fixed effects	YES	YES	YES	YES	
R^2	0.131 2	0.390 8	0.100 2	0.299 8	

注：括号内为标准误；*、**、*** 分别代表通过显著性水平 10%、5%、1% 的检验；W^d 为空间距离权重矩阵。

6.8 动态效应

双重差分反事实逻辑成立的前提是实验组和控制组满足平行趋势假设，即如果没有实施排污权交易制度，实验组和控制组的变化趋势是相同的。此外，基准回归结果反映的是排污交易制度对环境效率的平均影响，并没有反映随时间变化的累积效应差异。为此，本书参考 Jacobson 等（1993）提出的事件研究法（Event Study Approach）进行平行趋势检验和动态效应分析，通过加入一系列虚拟变量来反映每年排污权交易制度对环境效率的影响：

$$EE_{it}^{k}=\lambda_k\sum\omega_{ij}CE_{it}+\sum_{l=-4}^{9}\beta_{kl}D_{it}^{l}+\phi_k Z_{it}+\nu_i+\mu_t+\varepsilon_{it} \tag{6.14}$$

其中，排污权交易制度的虚拟变量“D”，当 D 右上角的数字小于0时，其取值标准是：当实验组的排污权交易制度实行的年份时取1，否则取0；对于那些上标大于0的 D，当这一年份大于排污权交易制度实行的年份时取1，否则取0。本书排除了实行排污权交易制度的当年的虚拟变量，相当于以这一年为基期。考虑到时间的跨度以及排污权交易制度实行的时间差异（主要时间集中在2008—2013年，而研究样本期处于2003—2018年），因此在进行动态效应分析时，当 l 对应的年份超出样本期时，按 $D^l=0$进行处理，这种处理会稍微影响估计结果的精度，尤其是对5年以上的动态效应，可能影响更大。

图6-4、图6-5、图6-6绘制了三种效率值的95% 置信区间下 β_{kt} 的估计结果。本研究发现，β_{kt} 在排污权交易制度实施的前四年均不显著，这也就是说，在试点推行之前处理组和对照组二者差别甚微，平行趋势假设成立。此外，排污权交易制度估计系数 β_{kt} 从实施后开始显现逐年增大的趋势，对于结构效率从第三年开始逐渐增大。说明企业通过新技术的研发和调整产业结构有利于提高区域环境效率，而技术研发具有投资大、周期长的特点（Bansal et al.，2003；Anh，2015），产业升级也存在一定的滞后性，所以最终反映在排污权交易制度的政策效果上可能有一定的滞后性。可能的原因是，从推广试点区域的交易量来看，随着排污权交易制度的逐年深入，各类污染物的排污权交易量也呈现明显上升的趋势，这表明政策效应随着不断的推进其效果也日渐明显。因此，对于环境效率来说，排污权交易制度的作用也日益增加，后期也会呈现作用迅速扩大的趋势。

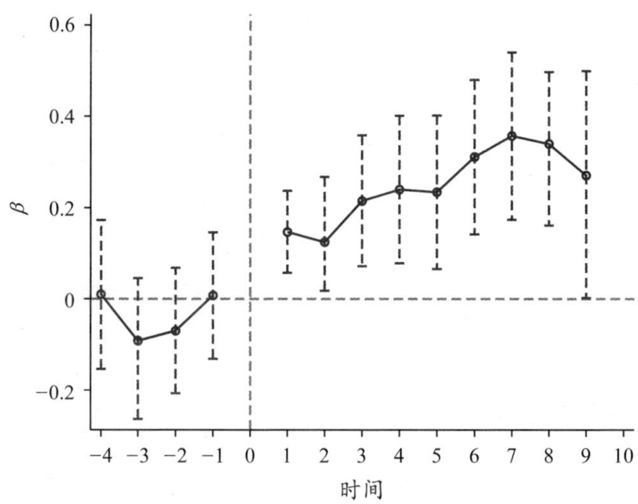

图6−4　排污权交易制度对综合环境效率的动态效应

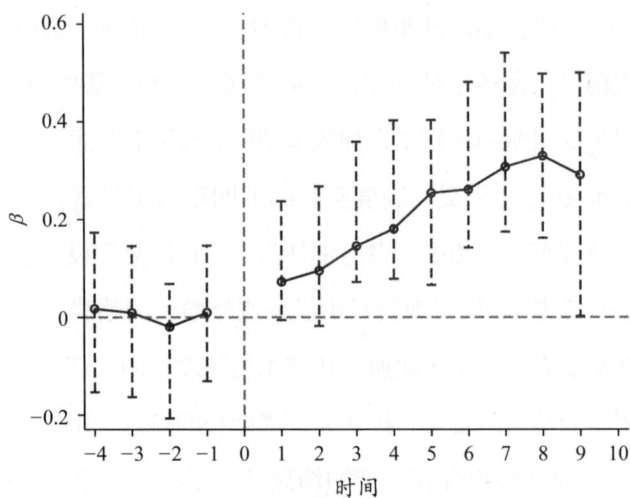

图6-5　排污权交易制度对环境技术效率的动态效应

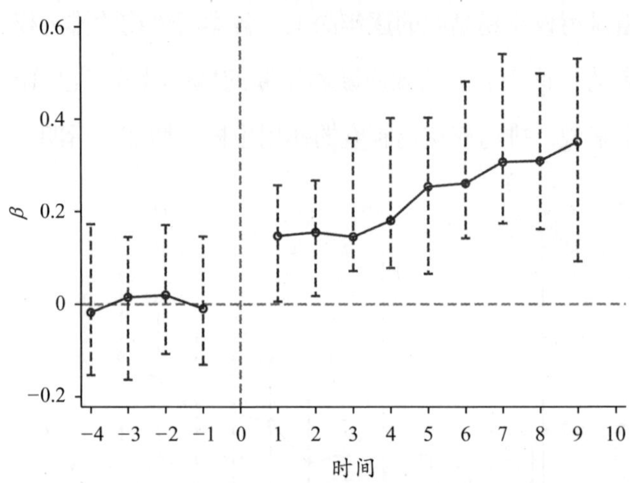

图6-6　排污权交易制度对环境结构效率的动态效应

6.9　稳健性检验

6.9.1　不同的空间权重矩阵

前面的分析基于空间距离权重矩阵，进一步地，我们采用经济距离矩阵和引力模型空间矩阵进行稳健性检验。经济距离型权重矩阵权重设置采用两省份之间经济发展水平差距的倒数：$W_{ij}^{e}=1/\left|\overline{Y}_i-\overline{Y}_j\right|(i\neq j)$，$W_{ij}^{e}=0(i=j)$。其中，

$\overline{Y}_i$ 为第 i 个城市在2003—2018年经 GDP 平减指数平减后的地区 GDP 平均值。

空间引力模型源自牛顿万有引力定律，相关区位论学者和经济学家发现，万有引力定律可以准确地将城市之间的“流量”关系描述出来。在此基础之上，研究者们纷纷把空间引力与万有引力相结合，并提出研究空间相互关系和作用的空间引力模型。本书利用康维斯断裂点来刻画两个城市之间的引力值，可根据各地市的经济发展水平、人口数和市与市之间的距离确定各地市经济吸引范围的界限。经济发展水平可用国内生产总值 GDP 表示。则任何两城市之间的相互引力的计算公式可表示为：

$$F_{ij}\quad K\frac{p_i p_j}{{}_{ij}} \tag{6-15}$$

其中，F_{ij} 为 i 城市对 j 城市的引力大小，K 为引力模型常数，p_i、p_j 分别为 i 城市与 j 城市的规模，d_{ij} 为两城市空间距离，r 为城市间距离摩擦系数，一般 $K=1$、$r=2$。城市间的距离 d 通过两城市经度和纬度位置计算的地表距离表示，城市规模 p 通常用城市人口与城市 GDP 乘积的平方根值来表示。

表6-9和6-10分别列出了基于经济距离矩阵和基于引力模型空间矩阵的排污权交易制度对综合环境效率、环境技术效率和环境结构效率的估计结果，可以发现排污权交易制度的估计系数没有显著变化，验证了估计结果的稳健性。

表6-9　基于经济距离矩阵的估计结果

政策变量	排污权交易制度				
	OLS	SAR	SEM	SDM	
				X	$X\times W^e$
综合环境效率（CE）	0.109 1*** （0.032 5）	0.122 3*** （0.001 7）	0.089 9*** （0.023 5）	0.130 3* （0.081 5）	0.072 4 （0.246 6）
技术效率（TE）	0.113 4*** （0.082 4）	0.049 1*** （0.007 6）	0.100 3*** （0.012 3）	0.084 5*** （0.001 5）	0.023 1*** （0.004 8）
结构效率（SE）	0.234 3*** （0.100 2）	0.100 1** （0.032 5）	0.322 7** （0.155 2）	0.150 8** （0.099 3）	0.003 6*** （0.001 1）
控制变量	YES	YES	YES	YES	

表6-9（续）

政策变量	排污权交易制度				
	OLS	SAR	SEM	SDM	
				X	$X \times W^e$
Spatial fixed effects	YES	YES	YES	YES	
Time fixed effects	YES	YES	YES	YES	

注：括号内为标准误；*、**、*** 分别代表通过显著性水平 10%、5%、1% 的检验；W^e 为经济距离权重矩阵。

表6-10 基于引力模型空间矩阵的估计结果

政策变量	排污权交易制度				
	OLS	SAR	SEM	SDM	
				X	$X \times W^e$
综合环境效率（CE）	0.033 3** （0.015 3）	0.095 5*** （0.026 7）	0.136 4*** （0.038 2）	0.166 2*** （0.041 5）	0.089 2** （0.039 7）
技术效率（TE）	0.078 2*** （0.015 9）	0.166 1*** （0.017 1）	0.088 3*** （0.016）	0.153 3*** （0.034 1）	-0.028 9* （0.018）
结构效率（SE）	0.199 0*** （0.053 8）	0.133 4*** （0.027 2）	0.288 9*** （0.092 2）	0.144 4*** （0.015 6）	0.032 6*** （0.001 2）
控制变量	YES	YES	YES	YES	
Spatial fixed effects	YES	YES	YES	YES	
Time fixed effects	YES	YES	YES	YES	

注：括号内为标准误；*、**、*** 分别代表通过显著性水平 10%、5%、1% 的检验；W^f 为引力模型空间矩阵。

6.9.2 安慰剂检验

尽管前面分析中已经控制了城市层面的一些特征变量，但是还可能存在其他政策因素或不可观测因素影响结果，为此，本书采用随机分配试点城市方法进行安慰剂测试（Cai et al.，2016；任胜钢 等，2019；Sunak et al.，2016）。具体而言，本书将275个城市进行随机分配，从而每个城市是否实施了排污权交易制度以及实施的时间均有可能发生变化，在 DID 的框架中任何城市都有可能是实验组或对照组，随机分配保证本书的自变量对区域环境效率没有影响。换句话说，如果随机分配后排污权交易制度的回归系数显著则说明本书的回归结果受到了其他不可观测因素的影响。本书进行了1 000次随机实验，并按前面的公式估计排污权交易制度的政策效应。图6-7、图6-8、图6-9分别表示三种环境效率1 000次随机分配后β系数估计值的概率分布图。本书发现所有排污权交易制度的估计系数均值接近于0，就此推断，前文的估计结果不太可能受到其他政策因素或不可观测因素的影响。

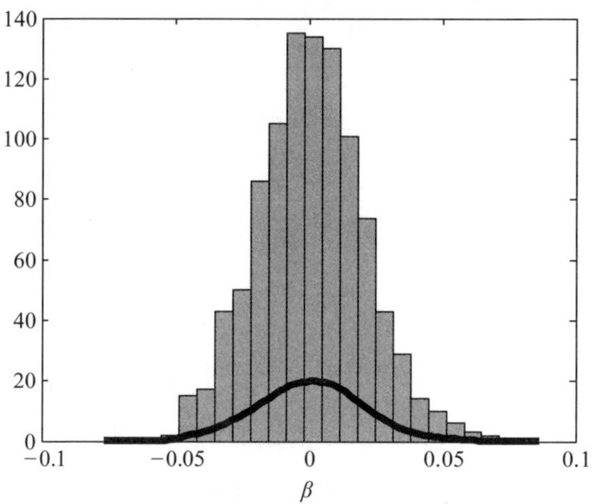

图6-7　综合环境效率安慰剂检验

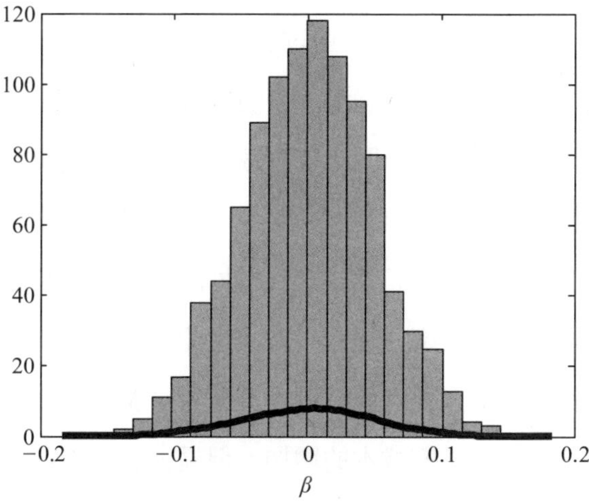

图6-8　技术效率安慰剂检验

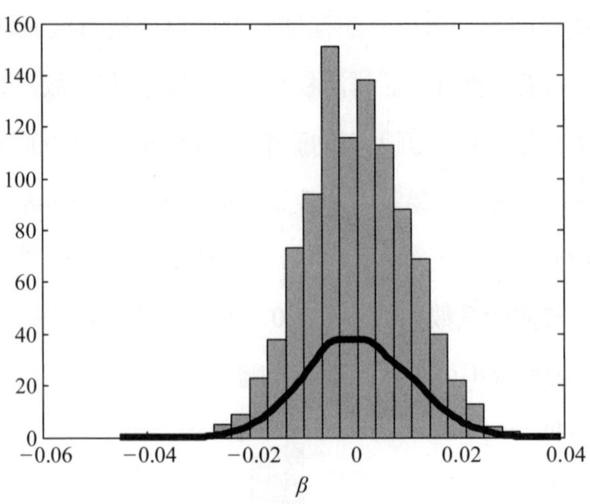

图6-9　结构效率安慰剂检验

6.10　本章小结

本章基于空间 DID 回归模型实证分析了排污权交易制度对环境效率影响，研究发现环境效率值存在显著的空间正相关，比较技术效率值（TE）和结构效率值（SE）二者的 Moran' s I 指数值可以发现，结构效率值（SE）的 Moran' s I 指数值整体上要比技术效率值（TE）要小，说明技术进步的空间聚集性要大于产业结构的空间聚集性，通过技术的变化来影响相邻地区环境效率是环境效率空间溢出的主要途径。通过 Moran 散点图可以发现综合环境效率和技术效率处在第三象限的城市居多，表明低效率城市与其他低效率城市“集聚”在一起，而结构效率的散点图比较分散，高高型、低低型、高低型、低高型城市并存。

排污权交易制度显著提高了区域环境效率，而且是通过同时提高技术效率和结构效率来提升环境效率。短期来看，企业为了履行减排的义务、参与排污权交易市场不得不重新调整资源配置，甚至有可能需要负担更多的人力和物力和资金压力，从而造成生产成本的增加。但是，长期来看，排污权交易制度给企业带来压力的同时也不断刺激企业进行技术创新，生产技术的改进不仅可以弥补污染治理方面所增加的成本，更加有利于企业的长足发展。并且随着排污成本越来越高，高污染高能耗的企业面临淘汰或重组，地方产业实现转型升级。从动态角度来看，排污权交易制度的效果从实施后开始显现逐年增大的趋势，对于结构效率从第三年开始逐渐增大。说明企业通过新技术的研发和调整产业结构有利于提高区域环境效率，另外，技术研发并不能短时间内收到成效，存在周期长、投资大的特点，产业升级也存在一定的滞后性，所以最终反映在排污权交易制度的政策效果上可能有一定的滞后性。

排污权交易制度对环境效率影响不仅具有明显的直接效应，其所引致的空间溢出效应对环境效率亦具有显著的促进作用。观察排污权交易制度的空间溢出增长效应和总增长效应可以发现，排污权交易制度所带动的综合环境效率空间溢出增长效应占总增长效应的10% 以上，对技术效率的空间溢出增长效应在总增长效应中接近40%，对结构效率的空间溢出增长效应在总增长效应中也接近10%，由此也进一步印证了排污权交易制度带来的空间溢出效应对我国环境效率的重要贡献。基于本书的空间 DID 模型测算的排污权交易制度系数比 OLS 的估计结果要小，忽略环境效率的空间自相关会高估排污权交易制度的实施效果。

除此之外，金融发展水平的提升有助于改善缓解工业部门的融资难题，提高企业效率，减少污染排放，城镇化水平越高，环境效率越高；市场化程度越低、政府管制越强的地区，对区域环境效率的提升效果越好，外商直接投资显著促进了主要污染物排放量的上升，从而降低地区环境效率。

第7章　排污权交易制度优化的对策建议：以湖南省排污权交易试点为例

7.1 引　　言

湖南省是国家首批排污权交易试点地区之一，从2010年获得环保部和财政部开展排污权有偿使用和交易试点批准之后，首先在长沙、株洲、湘潭三市开始试点工作，出台了排污权有偿使用和交易的管理办法和实施细则，然后在2015年扩展至全省所有工业企业。十多年以来，湖南全省排污权市场的交易笔数接近10万，为湖南省的污染减排和环境保护做出了突出贡献。本章在深入梳理湖南省排污权交易的制度体系、配额的初始分配情况、交易价格和交易量情况的基础上，评估湖南省排污权交易制度效果，并分析湖南省排污权交易市场建设存在的问题，然后提出相应的对策建议。

7.2　湖南省排污权交易制度试点现状

7.2.1　交易制度体系

近年来，湖南省的排污权交易试点工作不断推进，相关的交易制度体系也逐步得到完善。根据国务院的指导意见，同时结合湖南省实际情况，排污权有权使用和交易的相关政策与法规陆续出台。

虽然湖南省在2011年就开始了排污权交易试点工作，但是直到2014年初，才正式出台首个关于排污权交易的地方性法规，即《湖南省主要污染物排污权有偿使用和交易管理办法的通知》，基于该法规，湖南省排污权交易扩展至全省的工业企业。在该法规基础之上，湖南省还出台了一系列与排污权交易相关的规章制度，如与排污权指标管理相关的，《关于加强建设项目主要污染物排放总量指标管理工作的通知》《企业富余排污权指标转让规定》（征求意见稿）、《湖南省主要污染物排污权指标管理规定》（征求意见稿）、《湖南省排污权证管理规定》（征求意见稿）、《湖南省重金属总量指标交易管理规程（试行）》；与资金管理相关的：《关于主要污染物排污权有偿使用收费和交易政府指导价格标准有关问题的通知》《湖南省排污权有偿使用和交易资金使用规定（试行）》《湖南省主要污染物排污权有偿使用收入征收使用管理办法》，对于资金的收入以及管理工作进行了完善。另一方面，在配套规定相关方面，为了促进"绿色金融""绿色信贷"等新兴金融模式的发展，规范排污权抵押贷款制度，2015年11月5日，中国人民银行联合湖南省财政厅以及环保厅出台了《湖南省主要污染物排污权抵押贷款管理办法（试行）》《社会资金实施污染治理参与排污权交易工作规程》（征求意见稿）以及《排污指标短期调剂规定》（征求意见稿）；2019年，湖南省生态环境厅、湖南省公共资源交易中心共同发布《关于推进主要污染物排污权纳入公共资源交易平台网上交易有关事项的通知》（湘环发〔2019〕19号），通知当中明确将湖南省主要污染物排污权交易统一归入公共资源交易平台进行管理与施行。从当前的制度文件和管理办法来看，湖南省排污权交易的目标原则以及整体框架基本已构建。

7.2.2 初始排污权分配

在初始排污权分配方面，湖南省实行的模式是：无偿分配并缴纳排污权使用费即可获得排污权。一方面，在2011年对排污权量初始分配核定前，部分单位存续并申报了排污权量的，以环保部门设定的达标排放量作为临界点，在同时符合环境质量要求与主要污染物排放总量标准的基础之上，缴纳相应的排污权有偿使用费，即可得到与其相对应的主要污染物排污权；另一方面，在2011年实行排污权量初始分配核定前已经通过了环评审批却还没有开始投入正式运营的排污单位，可以按照环评文件中最终确认的排污量指标，在其正式运营并且经过竣工环境保护验收达标的基础之上，在支付相应的排污权使用费之后，即可得到所对应的污染物排污权；第三，排污单位在新增、改建或者是扩建相关的项目之后，假设需要新增主要污染物排放指标，获得新增的主要污染物排污权，则需要进行排污权交易购买。

2013年年底，湖南省的排污权初始分配核定工作基本结束。据统计，截至2015年底，湖南省内完成排污权初始分配的企业共计11 313家，分配 NO_x 324 643.14万吨、COD 共112 687.31万吨、铅10 079.47万吨、NH_3-N 11 843.08万吨、镉25.51万吨、SO_2 450 023万吨、砷4 605.24万吨。越来越多的企业开始主动申购排污权指标。从缴纳排污权使用费方面来看，截至2015年年底，总计应收的费用为3.03亿元，实际已收到了3 540家企业上缴的1.62亿元，相关工作已初见成效。

7.2.3 交易价格

排污权交易价格，主要有政府指导价格和初始分配价格，湖南省的政府指导价格制定标准是以每吨或者每千克主要污染物在未来十年之间所需要花费的治理成本而定。而排污权初始分配价格则是以既定的排污权收费标准为基础，再结合环保厅对企业的调查评估以及听证而最终确定的，主要污染物排污权有偿使用收费标准一方面要结合环境资源稀缺程度，另一方面也要考虑经济社会发展状况等综合因素进而进行确定的。湖南省主要污染物的初始分配价格与排污权交易的政府指导价格如表7-1，同时根据《湖南省排污权交易管理办法》，政府制定的交易指导价格是各类价格的底限，市场上的排污权交易价格均不得低于此。目前排污权交易中结合两大系统对其交易价格进行测算、指导，即排污权有偿使用价格测算系统与排污权现场核查作业系统。

表7-1 主要污染物排污权交易政府指导价格

主要污染物	排污权有偿使用收费标准	排污权交易政府指导价格标准
化学需氧量	230 元 / 吨・年	2 万元 / 吨
氨氮	260 元 / 吨・年	4 万元 / 吨
二氧化硫	200 元 / 吨・年	1.5 万元 / 吨
氮氧化物	200 元 / 吨・年	2.5 万元 / 吨
铅	10 元 / 千克・年	500 元 / 千克
镉	30 元 / 千克・年	600 元 / 千克
砷	13 元 / 千克・年	500 元 / 千克

7.2.4 交易情况

根据数据显示，大气污染物当中有7类是当前湖南省排污权交易的标的物，分别是 SO_2、NO_x、铅、NH_3-N、砷、铜、COD。其中，SO_2、NO_x、NH_3-N 以及 COD 是交易活跃度相对比较高的，交易量和成交金额都比较低的是铅、铜、砷三项。目前，湖南省的排污权交易工作均在稳步向前推进，但是各个地方的具体情况均有各自特点。

从2018年湖南省的排污权交易情况数据来看（见图7-1），交易市场整体上比较活跃，省会长沙的交易是最活跃的，交易量高达1 214笔，稳居湖南省第一位；常德总计交易542笔，位居第二；随后是株洲和岳阳，两者差距比较小，株洲共交易389笔，岳阳共交易383笔。另外，张家界和湘西的成交笔数和仅仅一百有余，两市的活跃度都非常低。根据交易金额这一指标来看，长沙依旧是位居榜首，金额总计4 830.27万元，岳阳和郴州分别位居第二和第三，交易金额分别为4 490.09万元和4 136.02万元。另外，湘西、娄底以及张家界三市的交易金额是垫底的，三地的交易金额之和不到2 500万元，甚至不到长沙市交易总金额的一半。鉴其原因，湘西和张家界根据其历史和地理优势，均是以旅游业为主要产业，而工业发展稍显滞后，因此两地的排污权交易市场活跃度比较低，而长沙是湖南的省会城市，工业经济发达，因此排污权交易活跃度就非常高。

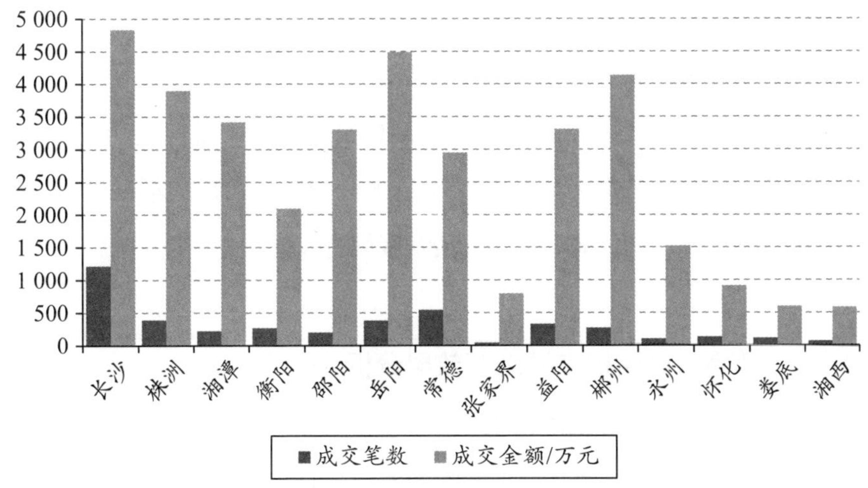

图7-1　2018年湖南省排污权交易情况

如图7-2所示，相关研究者对湖南省14个市（州）的主要污染物交易情况进行了统计，主要污染物包括以下四类：COD、SO_2、NH_3-N 以及 NO_x。由图可见，COD 成交笔数排名前三的分别是长沙、常德、衡阳，排名第二和第三的常德和衡阳二者的成交量均不到长沙的一半；SO_2 成交笔数最高的是长沙，依次是常德、益阳；NH_3-N 成交量最高的前三位分别是长沙、常德和衡阳。NO_x 成交量前三名分别是长沙、常德、益阳。总地来看，长沙的各类污染物排

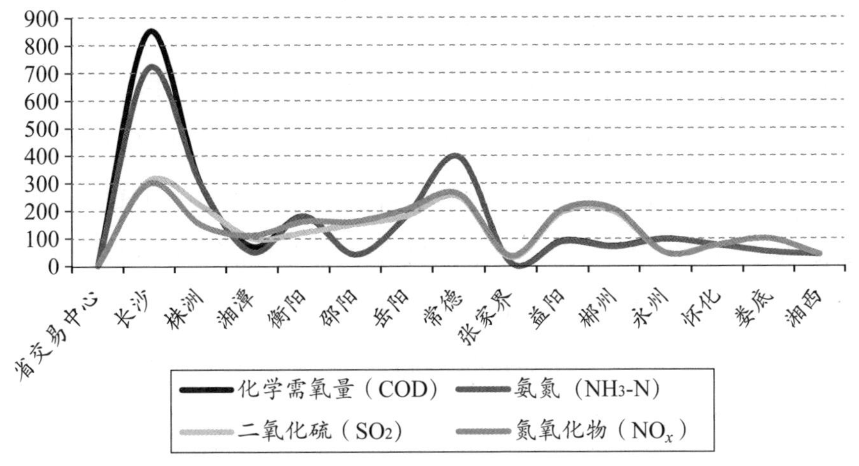

图7-2　湖南省各市（州）各类污染物交易情况

污权交易均稳居第一，活跃度最高；其次是常德，另外株洲、湘潭、衡阳地区也相对比较活跃，张家界和湘西是活跃度最低的地市。而各主要污染物的交易活跃度中，交易量最大的是COD，NH_3-N也相对来说比较活跃，SO_2和NO_x差别甚微。再从各类污染物的交易量来分析，交易最为活跃的为COD，NH_3-N也相对比较活跃，SO_2和NO_x活跃度相对较低。

7.3 湖南省排污权交易制度效果分析

7.3.1 湖南污染物减排情况

2015年相关数据统计显示，湖南省SO_2、COD、NH_3-N、NO_x排放总量分别为59.56万吨、120.77万吨、15.11万吨、49.69万吨。根据国家《“十三五”生态环境保护规划》，湖南省环保厅发布《湖南省“十三五”主要污染物减排规划》，其中明确指出到2020年SO_2、COD、NH_3-N、NO_x排放总量分别要控制在47.05万吨、108.57万吨、13.58万吨、42.24万吨，与2015年排放总量相比分别下降21%、10.1%、10.1%、15%。

图7-3数据显示，自2011年湖南省实行排污权交易试点以来，省内主要污染物的排放总量均逐年减少，由此可知，2011至2018年间省内污染物的排放情况得到有效控制，节能减排、环境保护相关工作正稳步向前推进。但是另一方面也不容忽视，即当前污染物的排放总量仍然巨大，从2018年统计数据来看，SO_2的排放总量为55.0万吨，NH_3-N的排放总量为14.33万吨，COD的排放总量为110.38万吨。另外，各类污染物治理成本也呈现逐年上升的趋势。湖南省的污染物减排工作整体来说在减缓。由此可知，湖南省还需进一步推进排污权交易相关工作，以此类相关的环保政策来进一步促进节能减排，最终达到有效控制并大幅度降低污染物排放总量的目标。

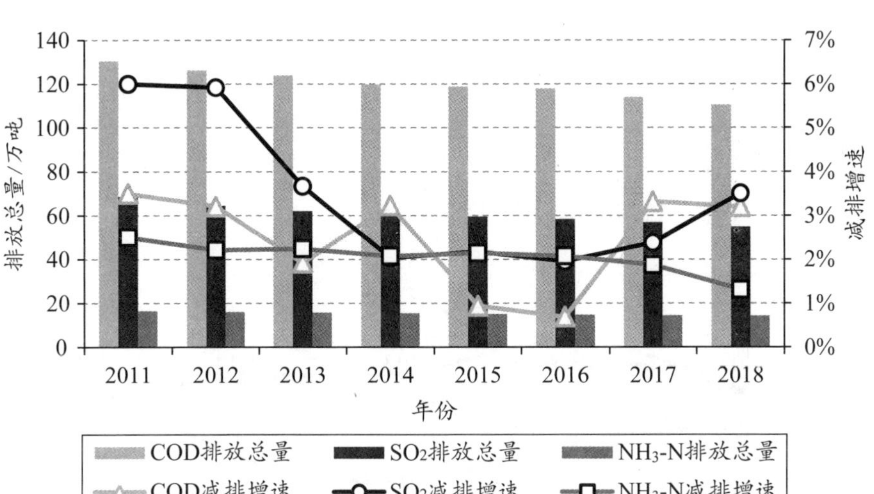

图7-3　湖南省主要污染物减排情况

7.3.2　湖南省环境质量情况

排污权交易制度能显著降低污染物的排放量，但对区域的环境质量影响究竟如何还没有定论。本书以湖南省环境监测中心站的42个国控监测站点（见图7-4）2005—2015年的监测数据分析湖南排污权交易制度对水环境的影响情况。因为2011年开始在长沙、株洲、湘潭三市试点实施排污权交易制度，2015年才扩展到全省，因此，在样本期内属于长沙、株洲、湘潭区域内的站点作为准自然实验的处理组，其他地区的站点作为对照组，按照双重差分的思路，排污权交易制度的处理效应为 $ATT=E(\Delta Y_i|D_i=1)-E(\Delta Y_i|D_i=0)$，从而可以估算湖南省排污权交易制度对水环境的影响情况。处理效应小于0说明2011年以后污染物浓度下降了，环境质量提升，结论为排污权交易制度提升环境质量，反之则反。

考虑到不同污染物浓度的差异，本书使用相对处理效应来比较排污权交易制度对不同污染的影响效果，即将 ATT 除以2005—2010年的平均浓度表示相对处理效应，结果见图7-4。从中可以发现除了砷在2013年和2014年大于0以外，排污权交易制度对高锰酸盐指数、铅、NH_3-N、总磷、镉的相对处理效应均小于0，说明湖南省排污权交易制度提升了湘江流域的水质，但是湖南省排污权交易制度对 NH_3-N 和总磷的相对处理效应小一些，可能是因为湘江流域的 NH_3-N 和总磷主要来源于畜牧养殖业而排污权交易市场针对的是工业企业，因此对 NH_3-N 和总磷的减排效果没那么明显。

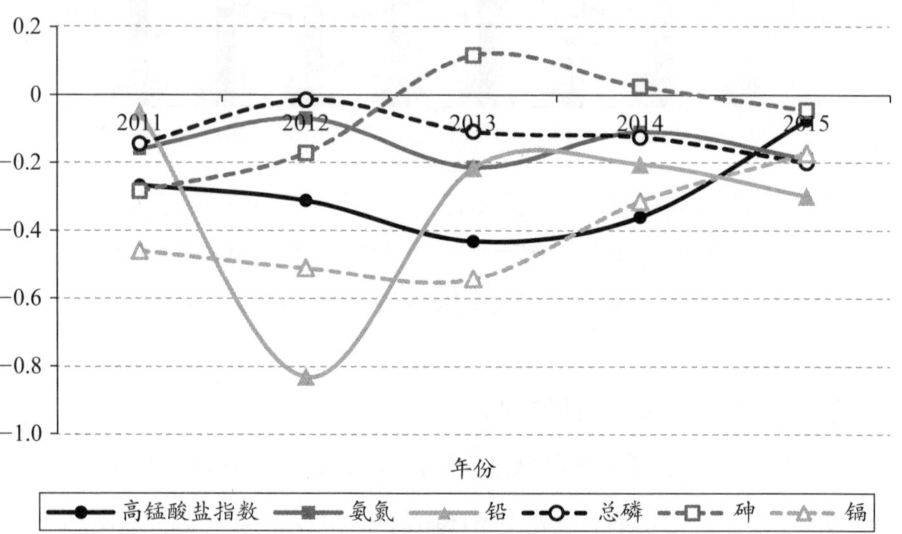

图7-4　湖南省排污权交易制度的相对处理效应

7.4　湖南省排污权交易市场建设存在的问题及对策建议

7.4.1　湖南省排污权交易市场建设存在的问题

7.4.1.1　排污权初始分配存在问题

（1）完全照搬“污普数据”。“污普数据”即“污染源普查数据”。第一，部分企业过度分配。针对原本排放污染物超标的企业，在对排污权进行初始分配时首先应当对其超标含量进行剔除，如若完全照搬相当于变相承认超标行为的合法性。第二，部分企业分配过低。若企业在2010年没有满负荷生产或存在半停产的情况，对“污普数据”的照搬不利于这些企业进行正常生产。第三，数据真实性存疑。在“污普数据”的填报过程中，不可避免地会出现部分企业假报、漏报的情况。同时，在初始排污权分配时，并非所有参与分配的人员均清晰了解排污权概念，数据填报的准确性、真实性存在疑问。这些情况可能导致初始排污权分配无法真实反映企业的排放情况。

（2）突破了原有区域控制总量。技术水平的限制、环保人员缺乏完整的认识等导致在2011年的初始分配中未能对全省的环境容量水平进行明确规定，没有按照历史污染水平对污染量进行削减，而是使用2010年的污染排放作为基准，这就与我们保护环境的初衷背道相驰了。此外，设置环境容量水平时需要注意对区域进行划分，很多区域没有能做到依据自身的情况制定环境容量以及削减水平。

（3）没有提高审核异常数据的警惕性。首先，部分相关企业虽然同属于某一行业，而且企业本身的生产值相差不大，但是在进行排污权分配过程当中，却可能出现二者分配量悬殊的情况。针对该类异常数据，存在并未重复确认的可能性。其次，在对数据的审核和调整过程当中，存在对异常数据合理性不敏感的情况，最终在数据统计当中呈现出诸如0.000 1吨 / 年的情况。

（4）未能公平对待积极参与环保的企业。进行排污权初始分配时，湖南省的初始分配价格远低于市场价格，而湖南省进行排污权初始分配时依照2010年的排污数据，导致排污量与被分配的排污权成正比，也就是说，在排污权分配时并未对污染较严重且尚未进行处理企业和已经进行污染处理企业进行区分，仍旧是根据企业生产过程中所产生的污染量来进行排污权分配，从而形成一种“污染者获益”的不公平局面，最终会有损之前积极参加污染处理、节能减排企业的积极性。因此，在排污权分配过程中必须对此进行量化考虑。

7.4.1.2　排污权交易过程中存在问题

（1）交易市场不活跃。首先，排污权概念模糊，作为一项新的环境经济政策，排污权的有偿使用与交易在湖南省乃至全国实施的时间较短，许多企业对其的认识与接受程度较低。同时，相关环保部门的工作人员排污权概念模糊，在面临个人、企业对相关问题的咨询时，无法进行清晰、明确地答疑，导致个人或者企业对此产生排斥心理。其次，企业普遍存在惜售排污权的心理。目前来看，环境容量逐步缩小控制，企业的节能减排压力也逐步增加，在排污权初始分配完成之后，短时间内相关部门不会进行二次分配。因此企业对于自身所拥有的排污权非常谨慎，面对自身企业技术无法突破、生产污染无法减少的情况，企业尽管暂时拥有闲置排污权也不愿意进行出售，都希望留待自身发展所需，甚至有部分企业留待“升值”。第三，政策预期性较低。由于我们当前还处于排污权交易制度的试点推广阶段，在推行排污权交易过程中相关企业对于该制度的发展存疑，无法理性预期其未来市场的发展，这也是排污单位“惜售”的原因之一。最后，部分地区还只是在小范围内进行排污权试点，因此，其排污权交易市场并不充分和活跃。

（2）交易价格市场化程度低。由于当前尚处于排污权试点推广阶段，无法根据市场供需进行自由定价，暂时是在政府指导之下进行的，因此排污权交易市场机制并不健全，交易价格的市场化程度较低。

7.4.1.3 跨区域的污染治理与协同减排方面存在问题

湖南作为有色金属之乡，从20世纪80年代以来，开采与冶炼了大量的有色金属资源，株洲清水塘、湘潭竹埠港等一批老工业区成为各地方的经济支柱，同时往湘江排放了大量的重金属，严重危害了沿湘江流域居民的身体健康。湖南省委、省政府为治理湘江付出了巨大的努力，2011年，国务院批准了《湘江流域重金属污染治理实施方案》；从2013年开始，湖南省连续实施了三个“三年行动计划”，并确定湘江保护与治理为省政府“一号重点工程”。政府的治理取得了一定的成效，但是由于资金投入、各地经济发展水平的差异，各地级市的政策力度与治理措施不一致，导致各地区排污权交易活跃度差异较大，从前文分析来看，长沙地区最为活跃，其次是常德和岳阳。而且呈现各自为战的局面，省级层面的排污权交易非常少。湖南省内各地级市没有建立完善的区域协同减排机制，在产业规划、环境政策等方面难以有效衔接，不利于排污权在全省范围内的自由流通。

7.4.2 完善湖南省排污权交易制度的政策建议

（1）充分运用大数据等新兴技术，进一步完善排污权总量控制和交易价格形成机制。由于排污权供求关系失衡，排污权的价格及其交易机制的正常运行、区域经济的发展、环境质量的改善都将受到一定影响。因此，研究影响排污交易市场供求关系中的排污权总量确定和交易价格的形成具有重要的现实意义。一方面，使用大数据、物联网、云计算等新一代信息技术估算区域环境容量，可以提升排污权总量控制以及配额、分配方式的科学性。另一方面，充分利用大数据等新兴技术，为排污权交易各方提供交易相关信息，使得整个交易过程更加方便、透明，也在一定程度上降低交易成本。在科学、合理的排污权分配体系之下，完善排污权交易市场规则，充分利用市场机制构建自由、公平的排污权交易模式，从而引导企业积极参与排污权交易。

（2）正确认识各种分配规则，建立多种分配规则共存的分配规则体系。分阶段建立排污权初始分配规则体系适宜于湖南省经济社会发展、污染防治和节能减排规划的实际情况。第一阶段采用免费分配为主、拍卖和奖励为辅的混合机制（Hybrid Distribution）。与美国“酸雨计划”做法类似，一方面，为了避免出现某类企业大量囤积排污权而导致人为哄抬市场价格的情况，建立“零收益拍卖制度”，在相应的分配年度范围内以法律手段介入，强制要求拥有排污权份额的企业必须参与到排污权交易市场当中来，企业出让的排污权所得收入均归自身所有；另一方面，考虑到企业生产的特殊情况或者是排污权交易市场中可能出现相关特殊情况，环境主管部门在进行排污权指标分配之时可以进行部分预留，以备必要的宏观调控所需。第二阶段可以逐渐过渡到以拍卖为主、免费分配为补充的混合机制。此阶段中，拍卖作为交易市场主体方式，但是在一定程度上仍旧可以进行免费分配。排污权交易是一个需要循序渐进的过程，各主体从免费分配到有偿所得仍需要度过一个适应期，从而逐步降低由于污染处理给企业所带来的成本负担，使企业生产计划与污染处理计划相结合，最终达成保护环境与企业发展双赢的局面。排污权分配方式并非一成不变，政府部门可以根据产业发展以及环境容量的变化适时地对各种分配规则进行相应的调整，以最适应各方发展为中心。

（3）促进区域一体化发展，进一步健全污染物区域协同减排与治理机制。一是充分利用市场一体化的节能减排效应。目前，湖南省的环境治理方式与未来污染治理的方向基本一致——以行政手段为主，市场作为资源配置的基础性工具。充分发挥行政命令手段，加强长株湘潭3+5城市之间协同减排水平；充分发挥省级层面的排污权市场作用，做好省级排污权市场和各市级排污权市场的衔接，促进排污权在各城市之间的自由流转；完善生产投入要素市场体系，加快长株潭城市群生产投入要素的一体化进程，提升各类行业市场一体化对要素空间配置的优化作用。二是加强创新驱动，加快产业链融合发展模式，通过建立联席会议制度，共商创新发展模式，打破过去属地管理的本位主义。通过产业链式融合发展，发挥园区合作的示范作用，形成“技术研发—成果转化”的模式，提高转入地的创新能力与产业核心竞争力，以绿色低碳产业链的构建与完善、加强产业对接与融合，推动区域产业体系向低碳化、绿色化、高端化转型。

（4）深化供给侧结构性改革，进一步优化地区产业结构调整与转型升级机制。以排污权交易制度为首的环境规制能够在一定程度上有助于地区产业结构的调整与优化，但是企业的负担随着环境治理成本的增加而增加。继续深化供给侧结构性改革，淘汰落后产能，是为企业降本增效，提高企业发展效率的有效方法，且更有利于实现环境规制的波特效应。一方面要通过市场化法治化手段淘汰出清落后过剩产能。严格执行国家环保标准和生产标准，不符合的相关企业全部进行淘汰，从而进一步促进企业自主创新。此外，鼓励企业加强自主技术研发能力，把握相关产业的核心技术，完善相关产业的结构比例，培育战略性新兴产业，构建规模经济发展模式，从而抢占世界经济发展制高点，增强国家竞争力。另一方面，通过供给侧结构性改革实现资源和要素的优化配置。为了进一步实现资源、要素的优化配置，以供给侧结构性改革的方式促进国有企业以及混合所有制企业的改革。充分发挥企业家的主导作用的同时，建立具有竞争性的激励机制，并营造良好的市场交易氛围，从而促进企业财务成本、制度性交易成本及结构性减税改革。

（5）加大政策帮扶与鼓励支持，进一步健全企业技术创新与转型激励机制。从政策帮扶的角度出发，以财税奖惩机制来进一步推进节能减排工作的展开。将税率的高低与节能减排工作相挂钩，针对同行业内的相关企业，在生产过程中能做到较低能耗以及较低排放则税率相应较低，相反则高税率征收。同时设定一定的量化标准，当企业的能耗值和排放值能降低到相应的标准时，则自动征收相应较低的税率。在企业生产经营过程中，鼓励企业积极进行节能技术创新，充分实现资源的循环利用，积极构建节能减排体系并且自主开展生产耗能与减排监管等。构建绿色金融服务体系，针对节能减排、环境保护相关项目实现金融信贷的政策倾斜，保证相关项目的资金支持；将企业或项目的环保信息、节能减排等情况作为申请金融贷款服务的重要因素，打通环保部门和金融监督管理部门之间壁垒，实现信息共享，共同促进节能减排工作的开展。

7.5　本章小结

自2011年实施排污权交易制度以来，湖南省主要污染物的排放总量均逐年减少，但是下降速度在减缓，减排成本在增加。另外，不同污染物的减排效果也不一样，对 NH_3-N 和总磷的相对处理效应小一些。针对湖南省排污权初始分配、排污权交易过程等存在的问题，湖南省应该充分运用大数据等新兴技术，进一步完善排污权总量控制和交易价格形成机制；正确认识各种分配规则，建立多种分配规则共存的分配规则体系；促进区域一体化发展，进一步健全污染物区域协同减排与治理机制；深化供给侧结构性改革，进一步优化地区产业结构调整与转型升级机制；加大政策帮扶与鼓励支持，进一步健全企业技术创新与转型激励机制。

第8章　结论与展望

8.1　研究结论

排污权交易市场制度因其让企业成为减排主体、降低政府的管理成本、促进技术革新和绿色经济发展、促进公平与效益的统一等特点，成为实现环境保护与经济增长协调发展的有效手段，在世界各地得到广泛运用。排污权交易已成为我国市场型环境规制政策的重要一环，历经30多年的发展，各地试点取得长足进步，但是又存在明显的差异，定量评估我国排污权交易制度实施的环境与经济效果，有利于总结分析我国排污权交易制度实施的经验与不足。本书在总结排污权交易相关理论与国内外实践的基础上，从企业减排技术投资与生产经营的微观角度，分析排污权交易制度企业的行为决策过程，从而探讨排污权交易制度影响环境效率的微观机理，并且提出了非期望产出的四阶段 SBM-DEA 方法，测量了2003—2018年中国275个地级及以上城市的综合环境效率、技术效率和结构效率，然后在此基础上运用空间 DID 研究了排污权交易制度对区域环境效率影响程度与路径。具体的工作与结论包括：

（1）从理论与实践角度看，环境污染物的排放与治理外部性问题，极易对国民经济的发展造成损害，而排污权交易制度作为一种市场交易机制能够有效实现排污权利的最优化配置，国内外的排污权交易经验表明：①完备且健全的法律体系是排污权交易制度能够稳步向前发展的重要保障。我国尚未建立起一套系统完整的排污权交易法，必须根据我国的基本国情以及国内的市场实际情况，再结合国内的立法以及司法要求，摸索探讨出相应的法律体系，给排污权交易制度提供完备的法律保障。②从前期的理论研究和试点实践来看，无论是国内还是国外都历经了相当长时间的摸索阶段。我国排污权交易仍然处于尝试和探索之中，因此，我们必须充分借鉴国外前期研究实践经验，并在此基础之上加强理论探索，总结各地的试点经验与教训，从而摸索出一条更为科学、可行的排污权交易施行之道。③在排污权交易当中，必须要充分发挥市场为主导的交易机制特点，将不必要的行政干预彻底排除在外，从而在根本上转变政府的职能角色，为排污权交易提供一个自由、自主并有序的市场环境。

（2）从企业减排技术投资与生产经营的角度，构建企业与企业、企业与政府的博弈模型，分析排污权交易制度影响环境效率的微观机理，结果表明：①企业的最优减排技术投资和产量与企业本身的污染水平和排污权交易价格不是简单的单调变化的关系，也就是说不是污染程度越高的企业或排污权交易价格越高，企业的减排技术水平和产量会相应越高或越低，企业的决策是由产品市场、减排成本和排污权市场等多方面因素综合的结果。在某些情况下，污染程度越高的企业减排意愿越低或生产意愿越强，因此在制定排污权交易制度时，需要充分考虑多方的因素。②新技术的引进虽然可以降低单位产品的排污量，但由于整个市场的产量上升，从而增加了整个市场的污染物排放量，不过这个增加量随着排污权交易价格的增加而减小。当产品的最大可能收益较大时，随着新技术的排放系数的增加污染排放量变小，但是当产品的最大可能收益不大时，污染排放量随新技术的排放系数先增加后减小。单位产品排污量的减少不能抵消技术红利带来的产量的增加所导致的排污量增量，所以在制定排污权交易机制时，需要充分考虑这种新技术产生的负面效应，也就是总的排污权配额并不是简单的因为新技术能降低排污量而减少，要结合产品市场的情况进行综合分析，否则排污权市场失衡，将达不到均衡状态，排污权交易市场的作用将大大降低。③排污权交易制度既能提升企业减排技术，也能提升部分企业的产量与竞争力，也即能促使高污染型企业的产量持续下降，而低污染型企业的产量持续上升，最终市场全部由低污染型企业占领，并且减排技术水平持续上升，实现整个行业的转型升级。因此，排污权交易制度具有提升环境效率的波特效应。

（3）提出了非期望产出的四阶段 SBM-DEA 方法，该方法有四个优点：① SBM 模型具有非径向和非角度的特点，可以避免传统 DEA 模型中投入和产出松弛性的问题，还可以根据松弛量确定效率的改善方向；②三阶段 DEA 方法的运用有助于剔除外部环境和随机因素对效率评价结果的影响，测算得到的结果真实反映了决策单元的内部管理水平；③可以从投入和产出角度全方位分析外部环境因素对效率测算的影响情况，能帮助我们更好地理解外部环境对效率水平的作用机理。④可以对决策单元的综合效率值进一步分解为技术效率和结构效率，为深入分析决策单元的环境效率结构提供基础。通过对我国275个地级及以上城市2003—2018年的环境效率值的分析可以发现，环境变量和随机因素会高估城市的环境效率。从四大区域上看，东部地区的平均初始环境效率最高，其次是东北地区，然后是西部地区，最差是中部地区；剔除环境变量和随机因素后，东部地区的平均综合环境效率依然最高，其次是中部地区，然后是东北地区，最差是西部地区；从全国区域来看，有152个城市被高估，123个城市被低估。2018年处于效率前沿的城市有北京市、天津市、上海市、苏州市、长沙市、广州市和深圳市，除了北京和长沙以外，全是东部沿海发达城市。我国环境效率整体上在提升，但2003—2013年间的增长幅度不大，从2014年开始呈现较高的速度增长趋势。根据技术效率和结构效率的取值，可以将我国城市分为“有效型”“双高型”“高低型”“低高型”和“双低型”5类，其中大部分城市处于“低高型”和“双低型”，说明我国城市的环境效率整体上水平不高，从技术水平和产业结构层面都具有较大的提升空间。

（4）基于空间 DID 回归模型实证分析了排污权交易制度对环境效率影响，结果表明：①环境效率值存在显著的空间正相关，但是技术进步的空间聚集性要大于产业结构的空间聚集性，通过技术的变化来影响相邻地区环境效率是环境效率空间溢出的主要途径。通过 Moran 散点图可以发现综合环境效率和技术效率处在第三象限的城市居多，表明低效率城市与其他低效率城市“集聚”在一起，而结构效率的散点图比较分散，高高型、低低型、高低型、低高型城市并存。②排污权交易制度显著提高了区域环境效率，而且是通过同时提高技术效率和结构效率来提升环境效率。排污权交易制度可能在短期内给区域内的企业带来一定的成本压力，但是，长期而言排污权交易制度可以通过合规压力和经济补偿效应刺激企业进行治污技术和生产技术的改进，通过提高企业生产率来弥补治污成本。并且随着排污成本越来越高，高污染高能耗的企业面临淘汰或重组，地方产业实现转型升级。从动态角度来看，排污权交易制度的效果从实施后开始显现逐年增大的趋势，对于结构效率从第三年开始逐渐增大。说明区域环境效率的提高可能通过技术创新和产业结构调整路径，但是都存在一定的滞后性。排污权交易制度对环境效率影响不仅具有明显的直接效应，其所引致的空间溢出效应对环境效率亦具有显著的促进作用。观察排污权交易制度的空间溢出增长效应和总增长效应可以发现，排污权交易制度所带动的综合环境效率空间溢出增长效应占总增长效应的10%以上，对技术效率的空间溢出增长效应在总增长效应中接近40%，对结构效率的空间溢出增长效应在总增长效应中也接近10%，由此也进一步印证了排污权交易制度带来的空间溢出效应对我国环境效率增长的重要贡献。③除此之外，金融技术效率改善有助于缓解工业部门的融资约束并提升其投资效率，提高企业效率，减少污染排放，城镇化水平越高，环境效率越高，市场化程度越低、政府管制越强的地区，对区域环境效率的提升效果越好，外商直接投资显著促进了主要污染物排放量的上升，从而降低地区环境效率。

8.2 研究展望

本书从理论与实证层面较为系统研究了排污权交易制度对我国区域环境效率的影响，能为相关领域的研究与实践工作提供一定的借鉴，但是还存在诸多不足。

首先，排污权交易制度对企业行为决策影响的微观理论层面，本书考虑了异质性企业的竞争以及企业与政府的博弈，但是没有将消费者的偏好考虑进来。实际上，随着全社会环境保护意识的增强，消费者绿色消费的倾向越来越来强烈，从而激励企业通过技术创新生产更绿色、更低能耗的产品。另外，企业的技术创新包含产品技术创新、减排技术创新两个层次，本书主要考虑的是减排技术创新，没有考虑企业的产品技术创新，在后续的研究中可以深入分析两种创新的差异，以及通过排污权交易市场可能实现的两种技术转移与扩散。

其次，本书虽然考虑各个地区在排污权实施时间上的差异，但是各个地区由于财政水平、领导重视程度、政府执行力等因素上存在较大差异，排污权交易制度实行的过程必然存在较大不同，并且我国同时实行了排污税、生态补偿等多种不同的环境规制制度，这些制度与排污权交易制度互为补充，也可能会对排污权交易制度的实施效果产生影响，因此后续工作可以比较不同环境规制制度的效果差异，以及综合评价这些政策组合的最终效果。

最后，限于数据原因，本书从技术效率和结构效率两个维度分析了排污权交易制度对环境效率影响的路径，然而更深层次的影响机理目前还不清晰，后续工作可以广泛收集相关企业的生产经营与研发等数据，从更微观的角度实证分析企业在排污权交易制度的行为过程，从而更细致地研究排污权交易制度对企业生产率、区域环境效率的影响。

参考文献

◎ 白俊红，王钺，蒋伏心，等，2017. 研发要素流动，空间知识溢出与经济增长 [J]. 经济研究，52（7）: 109-123.

◎ 包群，邵敏，杨大利，2013. 环境管制抑制了污染排放吗 ?[J]. 经济研究（12）: 42-54.

◎ 陈林，伍海军，2015. 国内双重差分法的研究现状与潜在问题 [J]. 数量经济技术经济研究，32（7）: 133-148.

◎ 陈晓红，曾祥宇，王傅强，2016. 碳限额交易机制下碳交易价格对供应链碳排放的影响 [J]. 系统工程理论与实践，36（10）: 2562-2571.

◎ 陈晓红，胡维，王陟昀，2013. 自愿减排碳交易市场价格影响因素实证研究：以美国芝加哥气候交易所（CCX）为例 [J]. 中国管理科学，21（4）: 74-81.

◎ 陈晓红，王钰，李喜华，2021. 环境规制下区域间企业绿色技术转型策略演化稳定性研究 [J]. 系统工程理论与实践，41（7）: 1732-1749.

◎ 陈晓红，易国栋，刘翔，2017. 基于三阶段 SBM-DEA 模型的中国区域碳排放效率研究 [J]. 运筹与管理，26（3）: 115-122.

◎ 陈紫菱，潘家坪，李佳奇，等，2019. 中国碳交易试点发展现状、问题及对策分析 [J]. 经济研究导刊（7）: 160-161.

◎ 初钊鹏，卞晨，刘昌新，等，2019. 雾霾污染，规制治理与公众参与的演化仿真研究 [J]. 中国人口·资源与环境，29（7）: 101-111.

◎ 邓慧慧，杨露鑫，2019. 雾霾治理，地方竞争与工业绿色转型 [J]. 中国工业经济（10）：118-136.

◎ 董琨，白彬，2015. 中国区域间产业转移的污染天堂效应检验 [J]. 中国人口·资源与环境（S2）：46-50.

◎ 樊纲，王小鲁，张立文，等，2003. 中国各地区市场化相对进程报告 [J]. 经济研究（3）：10.

◎ 方芳，杨岚，周亚虹，2020. 环境规制，企业演化与城市制造业生产率 [J]. 管理科学学报，23（4）：22-37.

◎ 付丽娜，陈晓红，冷智花，2013. 基于超效率 DEA 模型的城市群生态效率研究：以长株潭“3+5”城市群为例 [J]. 中国人口资源与环境，23（4）：169-175.

◎ 傅京燕，程芳芳，2020. 二氧化硫排污权交易对经济增长“量”和“质”的影响研究 [J]. 暨南学报（哲学社会科学版），42（6）：94-107.

◎ 傅强，马青，2016. 地方政府竞争与环境规制：基于区域开放的异质性研究 [J]. 中国人口·资源与环境，26（3）：69-75.

◎ 耿志祥，孙祁祥，郑伟，2016. 人口老龄化，资产价格与资本积累 [J]. 经济研究，51（9）：29-43.

◎ 郭瑞，刘文杰，赵丹，等，2020. 基于实验经济学视角的中国排污权拍卖形式研究 [J]. 生态经济，36（11）：159-164，171.

◎ 何爱平，安梦天，2019. 地方政府竞争，环境规制与绿色发展效率 [J]. 中国人口·资源与环境，29（3）：21-30.

◎ 胡东滨，汪静，陈晓红，2017. 配额免费分配法下市场结构对碳交易市场运行效率的影响 [J]. 中国人口·资源与环境，27（2）：52-59.

◎ 胡珺，黄楠，沈洪涛，2020. 市场激励型环境规制可以推动企业技术创新吗？：基于中国碳排放权交易机制的自然实验 [J]. 金融研究（1）：171-189.

◎ 胡玉凤，丁友强，2020. 碳排放权交易机制能否兼顾企业效益与绿色效率？[J]. 中国人口•资源与环境，30（3）：56-64.

◎ 黄清煌，高明，2017. 环境规制的节能减排效应研究：基于面板分位数的经验分析 [J]. 科学学与科学技术管理，38（1）：30-43.

◎ 蒋伏心，王竹君，白俊红，2013. 环境规制对技术创新影响的双重效应：基于江苏制造业动态面板数据的实证研究 [J]. 中国工业经济（7）：44-55.

◎ 景维民，张璐，2014. 环境管制，对外开放与中国工业的绿色技术进步 [J]. 经济研究，49（9）：34-47.

◎ 李斌，彭星，欧阳铭珂，2013. 环境规制、绿色全要素生产率与中国工业发展方式转变：基于36个工业行业数据的实证研究 [J]. 中国工业经济（4）：56-68.

◎ 李冬冬，吕宏军，李品，等，2020. 基于双重信息非对称的排污权交易机制与最优环境政策设计 [J]. 中国管理科学，28（11）：219-230.

◎ 李根，刘家国，李天琦，2019. 考虑非期望产出的制造业能源生态效率地区差异研究：基于 SBM 和 Tobit 模型的两阶段分析 [J]. 中国管理科学，27（11）：76-87.

◎ 李鲁奇，马学广，鹿宇，2019. 飞地经济的空间生产与治理结构：基于国家空间重构视角 [J]. 地理科学进展，38（3）：346-356.

◎ 李强，2013. 环境规制与产业结构调整：基于 Baumol 模型的理论分析与实证研究 [J]. 经济评论（5）：100-107.

◎ 李永友，沈坤荣，2008. 我国污染控制政策的减排效果 -- 基于省际工业污染数据的实证分析 [J]. 管理世界（7）：7-17.

◎ 李永友，文云飞，2016. 中国排污权交易政策有效性研究：基于自然实验的实证分析 [J]. 经济学家（5）：19-28.

◎ 林伯强，谭睿鹏,2019. 中国经济集聚与绿色经济效率 [J]. 经济研究,54(2): 119-132.

◎ 林春艳，宫晓蕙，2020. SO_2排污权交易试点政策的创新效应分析 [J]. 山东财经大学学报，32（6）：76-87，100.

◎ 刘传明，孙喆，张瑾，2019. 中国碳排放权交易试点的碳减排政策效应研究 [J]. 中国人口•资源与环境，29（11）：49-58.

◎ 刘晔，张训常，2017. 碳排放交易制度与企业研发创新：基于三重差分模型的实证研究 [J]. 经济科学（3）：102-114.

◎ 禄雪焕，白婷婷，2020. 绿色技术创新如何有效降低雾霾污染 ?[J]. 中国软科学（6）：174-182，191.

◎ 吕靖烨，曹铭，李朋林，2019. 中国碳排放权交易市场有效性的实证分析 [J]. 生态经济，35（7）：13-18.

◎ 吕鹏，黄送钦，2021. 环境规制压力会促进企业转型升级吗 [J]. 南开管理评论，24（4）：116-127.

◎ 梅林海，朱韵琴，2019. 排污权交易政策能否改善环境质量 ?[J]. 生态经济，35（2）：180-186.

◎ 潘丹，应瑞瑶，2013. 中国农业生态效率评价方法与实证：基于非期望产出的 SBM 模型分析 [J]. 生态学报，33（12）：3837-3845.

◎ 潘峰，西宝，王琳，2015. 基于演化博弈的地方政府环境规制策略分析 [J]. 系统工程理论与实践，35（6）：1393-1404.

◎ 齐绍洲，林屾，崔静波，2018. 环境权益交易市场能否诱发绿色创新？：基于我国上市公司绿色专利数据的证据 [J]. 经济研究，53（12）：129-143.

◎ 钱浩祺，吴力波，任飞州，2019. 从“鞭打快牛”到效率驱动：中国区域间碳排放权分配机制研究 [J]. 经济研究，54（3）：86-102.

◎ 饶常林，赵思姁，2022. 跨域环境污染政府间协同治理效果的影响因素和作用路径：基于12个案例的定性比较分析 [J]. 华中师范大学学报（人文社会科学版），61（4）：51-61.

◎ 任胜钢，郑晶晶，刘东华，等，2019. 排污权交易机制是否提高了企业全要素生产率：来自中国上市公司的证据 [J]. 中国工业经济（5）：5-23.

◎ 任亚运，傅京燕，2019. 碳交易的减排及绿色发展效应研究 [J]. 中国人口•资源与环境，29（5）：11-20.

◎ 单豪杰，2008. 中国资本存量 K 的再估算：1952—2006年 [J]. 数量经济技术经济研究，25（10）：17-31.

◎ 沈坤荣，金刚，方娴，2017. 环境规制引起了污染就近转移吗？[J]. 经济研究，52（5）：44-59.

◎ 沈能，刘凤朝，2012. 高强度的环境规制真能促进技术创新吗？：基于“波特假说”的再检验 [J]. 中国软科学（4）：49-59.

◎ 史丹，马丽梅，2017. 京津冀协同发展的空间演进历程：基于环境规制视角 [J]. 当代财经（4）：3-13.

◎ 史丹，李少林，2020. 排污权交易制度与能源利用效率：对地级及以上城市的测度与实证 [J]. 中国工业经济（9）：5-23.

◎ 斯丽娟，曹昊煜，2020. 排污权交易对污染物排放的影响：基于双重差分法的准自然实验分析 [J]. 管理评论，32（12）：15-26.

◎ 孙亚琴，容玲，2011. 排污许可权交易减排机理研究：基于社会成本角度 [J]. 上海管理科学（3）：5-8.

◎ 田贵良，刘吉宁，魏蓓，2020. 基于改进双边叫价拍卖模型的太湖流域水排污权定价及仿真 [J]. 生态经济，36（1）：172-177.

◎ 童健，刘伟，薛景，2016. 环境规制，要素投入结构与工业行业转型升级 [J].

经济研究，51（7）：43-57.

◎ 涂正革，谌仁俊，2015. 排污权交易机制在中国能否实现波特效应 ?[J]. 经济研究，50（7）：160-173.

◎ 涂正革，刘磊珂，2011. 考虑能源，环境因素的中国工业效率评价：基于SBM 模型的省级数据分析 [J]. 经济评论（2）：55-65.

◎ 汪明月，刘宇，李梦明，等，2019. 碳交易政策下区域合作减排收益分配研究 [J]. 管理评论，31（2）：264-277.

◎ 汪伟，2012. 人口老龄化，养老保险制度变革与中国经济增长：理论分析与数值模拟 [J]. 金融研究（10）：29-45.

◎ 王班班，齐绍洲，2014. 有偏技术进步，要素替代与中国工业能源强度 [J]. 经济研究，49（2）：115-127.

◎ 王树强，庞晶，2019. 排污权跨区域交易对绿色经济的影响研究 [J]. 生态经济，35（2）：174-179+196.

◎ 王文举，陈真玲，2019. 中国省级区域初始碳配额分配方案研究：基于责任与目标、公平与效率的视角 [J]. 管理世界，35（3）：81-98.

◎ 王先甲，肖文，胡振鹏，2004. 排污权初始权分配的两种方法及其效率比较 [J]. 自然科学进展，14（1）：81-87.

◎ 王颖，段霞，吴康，2020. 城市“腾笼换鸟”产业转型升级的困境与出路：基于北京市的调查研究 [J]. 地理科学，40（5）：786-792.

◎ 王勇，赵晗，2019. 中国碳交易市场启动对地区碳排放效率的影响 [J]. 中国人口 • 资源与环境，29（1）：50-58.

◎ 王兆华，丰超，2015. 中国区域全要素能源效率及其影响因素分析：基于2003—2010年的省际面板数据 [J]. 系统工程理论与实践，35（6）：1361-1372.

◎ 武普照，王倩，2010. 排污权交易的经济学分析 [J]. 中国人口•资源与环境，20（5）：55-58.

◎ 肖江文，赵勇，罗云峰，2003. 寡头垄断条件下的排污权交易博弈模型 [J]. 系统工程理论与实践（4）：27-30.

◎ 徐建中，王曼曼，贯君，2019. 动态内生视角下能源消费碳排放与绿色创新效率的机理研究：基于中国装备制造业的实证分析 [J]. 管理评论（9）：81-93.

◎ 许玲燕，杜建国，汪文丽，2017. 农村水环境治理行动的演化博弈分析 [J]. 中国人口•资源与环境，27（5）：17-26.

◎ 杨红亮，史丹，肖洁，2009. 自然环境因素对能源效率的影响：中国各地区的理论节能潜力和实际节能潜力分析 [J]. 中国工业经济（4）：73-84.

◎ 杨建芳，龚六堂，张庆华，2006. 人力资本形成及其对经济增长的影响：一个包含教育和健康投入的内生增长模型及其检验 [J]. 管理世界（5）：10-18.

◎ 杨晶玉，李冬冬，2018. 基于双边减排成本信息不对称的排污权二级交易市场拍卖机制研究 [J]. 中国管理科学，26（8）：146-153.

◎ 杨骞，刘华军，2014. 技术进步对全要素能源效率的空间溢出效应及其分解 [J]. 经济评论（6）：54-62.

◎ 尤济红，王鹏，2016. 环境规制能否促进 R&D 偏向于绿色技术研发？：基于中国工业部门的实证研究 [J]. 经济评论（3）：26-38.

◎ 余萍，刘纪显，2020. 碳交易市场规模的绿色和经济增长效应研究 [J]. 中国软科学（4）：46-55.

◎ 原毅军，谢荣辉，2014. 环境规制的产业结构调整效应研究：基于中国省际面板数据的实证检验 [J]. 中国工业经济（8）：57-69.

◎ 曾昉，李大胜，谭莹，2021. 环境规制背景下生猪产业转移对农业结构调整的影响 [J].China Population Resources & Environment，31（6）：158-166.

◎ 曾贤刚，牛木川，2019. 高质量发展条件下中国城市环境效率评价 [J]. 中国环境科学，39（6）：2667-2677.

◎ 张彩云，2020. 排污权交易制度能否实现“双重红利”？：一个自然实验分析 [J]. 中国软科学（2）：94-107.

◎ 张成，陆旸，郭路，等，2011. 环境规制强度和生产技术进步 [J]. 经济研究（2）：113-124.

◎ 张军，吴桂英，张吉鹏，2004. 中国省际物质资本存量估算：1952—2000 [J]. 经济研究（10）：35-44.

◎ 张宁，刘青君，2019. 碳交易减少了中国火电厂的减排成本吗？：基于2005—2010年面板数据的实证分析 [J]. 北京理工大学学报（社会科学版），21（1）：7-16.

◎ 张平，张鹏鹏，蔡国庆，2016. 不同类型环境规制对企业技术创新影响比较研究 [J]. 中国人口·资源与环境，26（4）：8-13.

◎ 张蕊，李根，李安林，等，2018. 供给侧结构性改革背景下我国制造业增长模式的统计考察 [J]. 统计与决策（17）：141-145.

◎ 张新华，黄天铭，甘冬梅，等，2020. 考虑碳价下限的燃煤发电碳减排投资及其政策分析 [J]. 中国管理科学，28（11）：167-174.

◎ 张志辉，2015. 中国区域能源效率演变及其影响因素 [J]. 数量经济技术经济研究，32（8）：73-88.

◎ 郑君君，王向民，朱德胜，等，2017. 考虑学习速度的小世界网络上排污权拍卖策略演化 [J]. 中国管理科学（3）：76-84.

◎ 周黎安，陈烨，2005. 中国农村税费改革的政策效果：基于双重差分模型

的估计 [J]. 经济研究（8）：44-53.

◎ 周林意，朱德米，2018. 地方政府税收竞争，邻近效应与环境污染 [J]. 中国人口 • 资源与环境，28（6）：140-148.

◎ 周五七，聂鸣，2012. 中国工业碳排放效率的区域差异研究：基于非参数前沿的实证分析 [J]. 数量经济技术经济研究，29（9）：58-70.

◎ 朱帮助，江民星，袁胜军，等，2017. 配额初始分配对跨期碳市场效率的影响研究 [J]. 系统工程理论与实践（37）：2802-2811.

◎ ALBRIZIO S, KOZLUK T, ZIPPERER V, 2017. Environmental policies and productivity growth: Evidence across industries and firms[J]. Journal of Environmental Economics and Management, 81: 209-226.

◎ ALLEN F, QIAN J, QIAN M, 2005. Law, finance, and economic growth in China[J]. Journal of financial economics, 77(1): 57-116.

◎ AMBEC S, BARLA P, 2002. A theoretical foundation of the Porter hypothesis[J]. Economics Letters, 75(3): 355-360.

◎ ANH P Q, 2015. Internal determinants and effects of firm-level environmental performance: Empirical evidences from Vietnam[J]. Asian Social Science, 11(4): 190.

◎ BANSAL P, HUNTER T, 2003. Strategic explanations for the early adoption of ISO 14001[J]. Journal of business ethics, 46: 289-299.

◎ BECK T, LEVINE R, LEVKOV A, 2010. Big bad banks? The winners and losers from bank deregulation in the United States[J]. The journal of finance, 65(5): 1637-1667.

◎ BERGEK A, BERGGREN C, KITE RESEARCH GROUP, 2014. The impact of environmental policy instruments on innovation: A review of energy and automotive industry studies[J]. Ecological Economics, 106: 112-123.

◎ BURTRAW D, 1999. Environmental Effects of SO_2 trading and Banking[J]. Environmental Science & Technology, 33: 3489-3494.

◎ CAI X, LU Y, WU M, et al, 2016. Does environmental regulation drive away inbound foreign direct investment? Evidence from a quasi-natural experiment in China[J]. Journal of development economics, 123: 73-85.

◎ CALEL R, DECHEZLEPRETRE A, 2016. Environmental policy and directed technological change: evidence from the European carbon market[J]. Review of Economics and Statistics, 98(1): 173-191.

◎ CHANEY T, 2008. Distorted gravity: the intensive and extensive margins of international trade[J]. American Economic Review, 98(4): 1707-1721.

◎ CHARNES A, CLARK C T, COOPER W W, et al, 1984. A developmental study of data envelopment analysis in measuring the efficiency of maintenance units in the US air forces[J]. Ann. Oper. Res., 2(1): 95-112.

◎ CHARNES A, COOPER W W, 1962. Programming with linear fractional functionals[J]. Naval Research logistics quarterly, 9(3 - 4): 181-186.

◎ CHEN Z, KAHN M E, LIU Y, et al, 2018. The consequences of spatially differentiated water pollution regulation in China[J]. Journal of Environmental Economics and Management, 88: 468-485.

◎ CHENG B, DAI H, WANG P, et al, 2016. Impacts of low-carbon power policy on carbon mitigation in Guangdong Province, China[J]. Energy Policy, 88: 515-527.

◎ COASE R H, 1960. The problem of social cost[J]. Journal of law and economics, 3: 1-44.

◎ CROCKER T D, 1966. The structuring of atmospheric pollution control systems[J]. Theeconomics of air pollution, 1: 61-86.

◎ DALES J P, 1968. Property and Prices[M], Toronto. Toronto University Press.

◎ DOU J, HAN X, 2019. How does the industry mobility affect pollution industry transfer in China: Empirical test on Pollution Haven Hypothesis and Porter Hypothesis[J]. Journal of cleaner production, 217: 105-115.

◎ ELHORST J P, 2012. Dynamic spatial panels: models, methods, and inferences[J]. Journal of geographical systems, 14(1): 5-28.

◎ FENG Y, CHEN S, FAILLER P, 2020. Productivity Effect Evaluation on Market-Type Environmental Regulation: A Case Study of SO_2 Emission Trading Pilot in China[J]. International Journal of Environmental Research and Public Health, 17(21): 8027.

◎ FLEISHMAN R, ALEXANDER R, BRETSCHNEIDER S, et al, 2009. Does regulation stimulate productivity? The effect of air quality policies on the efficiency of US power plants[J]. Energy Policy, 37(11): 4574-4582.

◎ FORD J A, STEEN J, VERREYNNE M L, 2014. How environmental regulations affect innovation in the Australian oil and gas industry: going beyond the Porter Hypothesis[J]. Journal of Cleaner Production, 84: 204-213.

◎ FRIED H O, LOVELL C A K, SCHMIDT S S, et al, 2002. Accounting for environmental effects and statistical noise in data envelopment analysis[J]. Journal of productivity Analysis, 17: 157-174.

◎ FRONDEL M, HORBACH J, RENNINGS K, 2007. End-of-pipe or cleaner production? An empirical comparison of environmental innovation decisions across OECD countries[J]. Business strategy and the environment, 16(8): 571-584.

◎ HAILU A, 2003. Nonparametric productivity analysis with undesirable outputs: reply[J]. American journal of agricultural economics, 85(4): 1075-1077.

◎ HAN M, DING L, ZHAO X, et al, 2019. Forecasting carbon prices in the Shenzhen market, China: The role of mixed-frequency factors[J]. Energy, 171(3):69-76.

◎ HAO Y U, DENG Y, LU Z N, et al, 2018. Is environmental regulation effective in China? Evidence from city-level panel data[J]. Journal of Cleaner Production, 188: 966-976.

◎ HELPMAN E, MELITZ M J, YEAPLE S R, 2004. Export versus FDI with heterogeneous firms[J]. American economic review, 94(1): 300-316.

◎ HINTERMAYER M, 2020. A carbon price floor in the reformed EU-ETS: Design matters![J]. Energy Policy, 147:111905.

◎ HOFFMANN V H, 2007. EU-ETS and investment decisions: the case of the German electricity industry[J]. European Management Journal, 25(6): 464-474.

◎ HOU B, WANG B, DU M, et al, 2020. Does the SO_2 emissions trading scheme encourage green total factor productivity? An empirical assessment on China's cities[J]. Environmental Science and Pollution Research, 27: 6375-6388.

◎ HU Y, REN S, WANG Y, et al, 2020. Can carbon emission trading scheme achieve energy conservation and emission reduction? Evidence from the industrial sector in China[J]. Energy Economics, 85: 104590.

◎ JACOBSON L S, LALONDE R J, SULLIVAN D G, 1993. Earnings losses of displaced workers[J]. The American economic review: 685-709.

◎ JAFFE A B, STAVINS R N, 1995. Dynamic incentives of environmental regulations: The effects of alternative policy instruments on technology diffusion[J]. Journal of environmental economics and management, 29(3): 43-63.

◎ JIE D, XU X, GUO F, 2021. The future of coal supply in China based on non-fossil energy development and carbon price strategies[J]. Energy, 220: 119644.

◎ JU Y, FUJIKAWA K, 2019. Modeling the cost transmission mechanism of the emission trading scheme in China[J]. Applied Energy, 236: 172-182.

◎ KENNEDY P W, 2002. Optimal early action on greenhouse gas emissions[J]. Canadian Journal of Economics, 35(1): 16-35.

◎ KRASS D, NEDOREZOV T, OVCHINNIKOV A, 2013. Environmental taxes and the choice of green technology[J]. Production and operations management, 22(5): 1035-1055.

◎ KROES J, SUBRAMANIAN R, SUBRAMANYAM R, 2012. Operational compliance levers, environmental performance, and firm performance under cap and trade regulation[J]. Manufacturing & Service Operations Management, 14(2): 186-201.

◎ LANGE I, BELLAS A, 2005. Technological change for sulfur dioxide scrubbers under market-based regulation[J]. Land Economics, 81(4): 546-556.

◎ LANOIE P, PATRY M, LAJEUNESSE R, 2008. Environmental regulation and productivity: Testing the porter hypothesis[J]. Journal of productivity analysis, 30: 121-128.

◎ LEE C Y, 2019. Decentralized allocation of emission permits by Nash data envelopment analysis in the coal-fired power market[J]. Journal of Environmental Management, 241(1): 353-362.

◎ LESAGE J, PACE R K, 2009. Introduction to spatial econometrics[M]. Chapman and Hall/CRC.

◎ LI C, 2019. How does environmental regulation affect different approaches of technical progress?—Evidence from China's industrial sectors from 2005 to 2015[J]. Journal of Cleaner Production, 209: 572-580.

◎ LI W, SUN H, DU Y, et al, 2020. Environmental regulation for transfer of pollution-intensive industries: evidence from Chinese provinces[J]. Frontiers in Energy Research, 8: 604005.

◎ LIN B, JIA Z, 2019. What are the main factors affecting carbon price in Emission Trading Scheme? A case study in China[J]. Science of the Total Environment, 654: 525-534.

◎ LONG R, LANG W, LI X, 2020. Does Institutional Embeddedness Promote Regional Enterprises' Migration? An Empirical Analysis Based on the "Double Transfer" Strategy in Guangdong, China[J]. Sustainability, 12(7): 2908.

◎ MOMENI E, LOTFI F H, SAEN R F, et al, 2019. Centralized DEA-based reallocation of emission permits under cap and trade regulation[J]. Journal of Cleaner Production, 234: 306-314.

◎ MONTGOMERY W D, 1972. Markets in licenses and efficient pollution control programs[J]. Journal of economic theory, 5(3): 395-418.

◎ PETHIG R, 1976. Pollution, welfare, and environmental policy in the theory of comparative advantage[J]. Journal of environmental economics and management, 2(3): 160-169.

◎ PLOTT C R, 1983. Externalities and corrective policies in experimental markets[J]. The Economic Journal, 93(369): 106-127.

◎ PORTER M E, LINDE C, 1995. Toward a new conception of the environment-competitiveness relationship[J]. Journal of economic perspectives, 9(4): 97-118.

◎ PORTER M E, 1991. America's green strategy[J]. Scientific American, 264(4): 193-246.

◎ QIU L D, ZHOU M, WEI X, 2018. Regulation, innovation, and firm selection: The porter hypothesis under monopolistic competition[J]. Journal of Environmental Economics and Management, 92: 638-658.

◎ REXHÄUSER S,RAMMER C, 2014. Environmental Innovations and Firm Profitability: Unmasking the Porter Hypothesis[J]. Environmental and Resource Economics, 57(1): 145-167.

◎ ROGGE K S, SCHNEIDER M, HOFFMANN V H, 2011. The innovation impact of the EU Emission Trading System—Findings of company case studies in the German power sector[J]. Ecological Economics, 70(3): 513-523.

◎ SCHEEL H, 2001. Undesirable outputs in efficiency valuations[J]. European journal of operational research, 132(2): 400-410.

◎ SEIFORD L M, ZHU J, 2002. Modeling undesirable factors in efficiency evaluation[J]. European journal of operational research, 142(1): 16-20.

◎ SELTEN R, SELTEN R, 1988. A note on evolutionarily stable strategies in asymmetric animal conflicts[M]. Springer Netherlands.

◎ SHEN W, WANG Y, 2019. Adaptive policy innovations and the construction of emission trading schemes in China: Taking stock and looking forward[J]. Environmental Innovation and Societal Transitions, 30: 59-68.

◎ SHINKUMA T, SUGETA H, 2016. Tax versus emissions trading scheme in the long run[J]. Journal of Environmental Economics and Management, 75: 12-24.

◎ SIGMAN H, 2014. Decentralization and environmental quality: an international analysis of water pollution levels and variation[J]. Land Economics, 90(1): 114-

130.

◎ SONG M, AN Q, ZHANG W, et al, 2012. Environmental efficiency evaluation based on data envelopment analysis: A review[J]. Renewable and Sustainable Energy Reviews, 16(7): 4465-4469.

◎ SUBRAMANIAN R, GUPTA S, TALBOT B, 2007. Compliance strategies under permits for emissions[J]. Production and Operations Management, 16(6): 763-779.

◎ SUN J, LI G, 2020. Designing a double auction mechanism for the re-allocation of emission permits[J]. Annals of Operations Research, 291: 847-874.

◎ SUNAK Y, MADLENER R, 2016. The impact of wind farm visibility on property values: A spatial difference-in-differences analysis[J]. Energy Economics, 55: 79-91.

◎ TANG H, LIU J, MAO J, et al. The effects of emission trading system on corporate innovation and productivity-empirical evidence from China’s SO 2 emission trading system[J]. Environmental Science and Pollution Research, 2020, 27(17): 21604-21620.

◎ TONE K. A slacks-based measure of efficiency in data envelopment analysis[J]. European journal of operational research, 2001, 130(3): 498-509.

◎ TONE K. Dealing with undesirable outputs in DEA: A slacks-based measure (SBM) approach[J]. Presentation At NAPW III, Toronto, 2004: 44-45.

◎ TONG W, MU D, ZHAO F, et al. The impact of cap-and-trade mechanism and consumers’ environmental preferences on a retailer-led supply Chain[J]. Resources, Conservation and Recycling, 2019, 142: 88-100.

◎ TU Y, PENG B, WEI G, et al. Regional environmental regulation efficiency: spatiotemporal characteristics and influencing factors[J]. Environmental Science and Pollution Research, 2019, 26: 37152-37161.

◎ WANG C, WU J J, ZHANG B. Environmental regulation, emissions and productivity: Evidence from Chinese COD-emitting manufacturers[J]. Journal of Environmental Economics and Management, 2018, 92: 54-73.

◎ WANG H, CHEN Z, WU X, et al. Can a carbon trading system promote the transformation of a low-carbon economy under the framework of the porter hypothesis?—Empirical analysis based on the PSM-DID method[J]. Energy policy, 2019, 129: 930-938.

◎ WANG J, YANG J, GE C, et al. Controlling Sulfurdioxide in China: will emission trading work?[J]. Environment: Science and Policy for Sustainable Development, 2004, 46(5): 28-39.

◎ WANG Y, SUN X, GUO X. Environmental regulation and green productivity growth: Empirical evidence on the Porter Hypothesis from OECD industrial sectors[J]. Energy Policy, 2019, 132: 611-619.

◎ WANG Y, WANG X, CHEN W, et al. Exploring the path of inter-provincial industrial transfer and carbon transfer in China via combination of multi-regional input–output and geographically weighted regression model[J]. Ecological Indicators, 2021, 125: 107547.

◎ XIN M, XIN-GANG Z. Impact of environmental regulation on technological innovation of thermal power industry in China: the mediating role of industrial transfer[J]. Environmental Science and Pollution Research, 2022: 1-13.

◎ YANG F, YANG M. Analysis on China's eco-innovations: Regulation context, intertemporal change and regional differences[J]. European Journal of Operational Research, 2015, 247(3): 1003-1012.

◎ YE W, LIU L, ZHANG B. Designing and implementing pollutant emissions trading systems in China: A twelve-year reflection[J]. Journal of Environmental Management, 2020, 261:110207.

◎ YU A, LIN X, ZHANG Y, et al. Analysis of driving factors and allocation of carbon emission allowance in China[J]. Science of The Total Environment, 2019, 673:74-82.

◎ YU Y, ZHANG N. Does industrial transfer policy mitigate carbon emissions? Evidence from a quasi-natural experiment in China[J]. Journal of Environmental Management, 2022, 307: 114526.

◎ YUE J, ZHU H, YAO F. Does industrial transfer change the spatial structure of CO_2 emissions?—Evidence from Beijing-Tianjin-Hebei region in China[J]. International Journal of Environmental Research and Public Health, 2021, 19(1): 322.

◎ ZANG J, WAN L, Li Z, et al. Does emission trading scheme have spillover effect on industrial structure upgrading? Evidence from the EU based on a PSM-DID approach[J]. Environmental Science and Pollution Research, 2020, 27: 12345-12357.

◎ ZHOU B, ZHANG C, SONG H, et al. How does emission trading reduce China's carbon intensity? An exploration using a decomposition and difference-in-differences approach[J]. Science of the total environment, 2019, 676: 514-523.

◎ ZHOU P, ANG B W, POH K L. Slacks-based efficiency measures for modeling environmental performance[J]. Ecological Economics, 2006, 60(1): 111-118.

附　　录

附录1

命题1的证明：

（1）当$\alpha < \sqrt{4\beta\xi}$且$\sqrt{1-\alpha^2/4\beta\xi} < \eta < 1$时，

$$\begin{aligned}
E_1 &= (1-\eta)\int_{\lambda_1/p_e}^{\lambda_2/p_e} g(\delta)\delta\frac{(1+\eta)\delta p_e-\alpha}{2\beta}d\delta \\
&= (1-\eta)g\left[\int_{\lambda_1/p_e}^{\lambda_2/p_e}\delta\frac{(1+\eta)\delta p_e}{2\beta}d\delta-\frac{\alpha}{2\beta}\int_{\lambda_1/p_e}^{\lambda_2/p_e}\delta d\delta\right] \\
&= \frac{(1-\eta)g}{2\beta p_e^2}\left[\frac{1+\eta}{3}\left(\lambda_2^3-\lambda_1^3\right)-\frac{\alpha}{2}\left(\lambda_2^2-\lambda_1^2\right)\right] \\
&= \frac{(1-\eta)g}{2\beta p_e^2}\left(\lambda_2-\lambda_1\right)\left[\frac{1+\eta}{3}\left(\lambda_2^2+\lambda_1\lambda_2+\lambda_1^2\right)-\frac{\alpha}{2}\left(\lambda_2+\lambda_1\right)\right] \\
&= \frac{(1-\eta)g}{2\beta p_e^2}\left(\lambda_2-\lambda_1\right)\left[\frac{1+\eta}{3}\left(\lambda_2+\lambda_1\right)^2-\frac{1+\eta}{3}\lambda_1\lambda_2-\frac{\alpha}{2}\left(\lambda_2+\lambda_1\right)\right] \\
&= \frac{(1-\eta)g}{2\beta p_e^2}\left(\lambda_2-\lambda_1\right)\left[\frac{1+\eta}{3}\frac{4\alpha^2}{(1+\eta)^2}-\frac{1+\eta}{3}\frac{4\beta\xi(1-\eta)}{1+\eta}-\frac{\alpha}{2}\frac{2\alpha}{(1+\eta)}\right] \\
&= \frac{(1-\eta)g}{2\beta p_e^2}\left(\lambda_2-\lambda_1\right)\left[\frac{\alpha^2}{3(1+\eta)}-\frac{4\beta\xi(1-\eta)}{3}\right] \\
&= \frac{(1-\eta)g}{2\beta p_e^2}\left(\lambda_2-\lambda_1\right)\frac{\alpha^2-4\beta\xi(1-\eta^2)}{3(1+\eta)} > 0
\end{aligned}$$

对于$\alpha \geqslant \sqrt{4\beta\xi}$ 的情形可以同理进行证明。

（2）首先$\frac{\partial E_0}{\partial p_e} = -\frac{\sigma^2+\mu^2}{2\beta} < 0$，再者由上面的分析可知$E_1 = \frac{(1-\eta)g}{2\beta p_e^2}\left(\lambda_2-\lambda_1\right)$

$\dfrac{\alpha^2-4\beta\xi(1-\eta^2)}{3(1+\eta)}>0$，显然 E_1 是关于 p_e 的减函数，即 $\dfrac{\partial E_1}{\partial p_e}<0$，所以

$$\frac{\partial E}{\partial p_e}=\frac{\partial E_0}{\partial p_e}+\frac{\partial E_1}{\partial p_e}<0。$$

（3）

①当 $\alpha<\sqrt{4\beta\xi}$ 且 $\sqrt{1-\alpha^2/4\beta\xi}<\eta<1$ 时，由前面分析可知

$$E_1=\frac{(1-\eta)g}{2\beta p_e^2}(\lambda_2-\lambda_1)\frac{\alpha^2-4\beta\xi(1-\eta^2)}{3(1+\eta)}=\frac{g}{3\beta p_e^2}\frac{(1-\eta)\left[\alpha^2-4\beta\xi(1-\eta^2)\right]^{\frac{3}{2}}}{(1+\eta)^2}$$

则 $\dfrac{\partial E_1}{\partial \eta}=\dfrac{g}{3\beta p_e^2}\dfrac{\sqrt{\alpha^2-4\beta\xi(1-\eta^2)}}{(1+\eta)^3}\left\{-(3-\eta)\left[\alpha^2-4\beta\xi(1-\eta^2)\right]+12\eta\left(1-\eta^2\right)\beta\xi\right\}$

令 $f(\eta)=-(3-\eta)\left[\alpha^2-4\beta\xi(1-\eta^2)\right]+12\eta\left(1-\eta^2\right)\beta\xi$，于是有

$$\frac{\partial}{\partial \eta}f(\eta)=\alpha^2+8\beta\xi-24\beta\xi\eta^2-24\beta\xi\eta$$

显然当 $\eta>0$ 时 $\dfrac{\partial^2}{\partial \eta^2}f(\eta)=-48\beta\xi\eta-24\beta\xi<0$

所以函数 $f(\eta)$ 在 (0, 1) 是凸的，至多有两个零点，同时 $f\left(\sqrt{1-\alpha^2/4\beta\xi}\right)>0$，$f(1)<0$，所以 $f(\eta)$ 在区间 $\left(\sqrt{1-\alpha^2/4\beta\xi},1\right)$ 内有且只有一个零点。也就是说 $\dfrac{\partial E_1}{\partial \eta}=0$ 在区间 $\left(\sqrt{1-\alpha^2/4\beta\xi},1\right)$ 内有且只有一个唯一实根 $\hat{\eta}$，当 $\eta<\hat{\eta}$ 时 $\dfrac{\partial E_1}{\partial \eta}>0$；当 $\eta>\hat{\eta}$ 时，$\dfrac{\partial E_1}{\partial \eta}<0$。

②当 $\alpha\geqslant\sqrt{4\beta\xi}$ 时，$E_1=(1-\eta)\displaystyle\int_{\lambda_1/p_e}^{\lambda_3/p_e}g(\delta)\delta\frac{(1+\eta)\delta p_e-\alpha}{2\beta}d\delta$

对其关于 η 求一阶导数

$$\frac{\partial E_1}{\partial \eta}=-\int_{\lambda_1/p_e}^{\lambda_3/p_e}g\delta\frac{(1+\eta)\delta p_e-\alpha}{2\beta}d\delta$$

$$+(1-\eta)\left[\int_{\lambda_1/p_e}^{\lambda_3/p_e}g\delta\frac{\delta p_e}{2\beta}+g\frac{\lambda_3}{p_e}\frac{(1+\eta)\lambda_3-\alpha}{2\beta}\frac{1}{p_e}\frac{d\lambda_3}{d\eta}-g\frac{\lambda_1}{p_e}\frac{(1+\eta)\lambda_1-\alpha}{2\beta}\frac{1}{p_e}\frac{d\lambda_1}{d\eta}\right]$$

$$=-\frac{g}{2\beta p_e^2}\left[\frac{1+\eta}{3}\left(\lambda_3^3-\lambda_1^3\right)-\frac{\alpha}{2}\left(\lambda_3^2-\lambda_1^2\right)\right]+$$

$$\left(1-\eta\right)\frac{g}{2\beta p_e^2}\left\{\frac{1}{3}\left(\lambda_3^3-\lambda_1^3\right)+\left[\left(1+\eta\right)\lambda_3^2-\alpha\lambda_3\right]\frac{\partial\lambda_3}{\partial\eta}-\left[\left(1+\eta\right)\lambda_1^2-\alpha\lambda_1\right]\frac{\partial\lambda_1}{\partial\eta}\right\}$$

$$=\frac{g}{2\beta p_e^2}\left\{-\frac{2\eta}{3}\left(\lambda_3^3-\lambda_1^3\right)+\left(1-\eta\right)\left[\left(1+\eta\right)\lambda_3^2-\alpha\lambda_3\right]\frac{\partial\lambda_3}{\partial\eta}-\right.$$

$$\left.\left(1-\eta\right)\left[\left(1+\eta\right)\lambda_1^2-\alpha\lambda_1\right]\frac{\partial\lambda_1}{\partial\eta}+\frac{\alpha}{2}\left(\lambda_3^2-\lambda_1^2\right)\right\}$$

令 $f_1\left(\eta\right)=-\frac{2\eta}{3}\lambda_3^3+\left(1-\eta\right)\left[\left(1+\eta\right)\lambda_3^2-\alpha\lambda_3\right]\frac{\partial\lambda_3}{\partial\eta}+\frac{\alpha}{2}\lambda_3^2$

$f_2\left(\eta\right)=\frac{2\eta}{3}\lambda_1^3-\left(1-\eta\right)\left[\left(1+\eta\right)\lambda_1^2-\alpha\lambda_1\right]\frac{\partial\lambda_1}{\partial\eta}-\frac{\alpha}{2}\lambda_1^2$

结合 $\frac{\partial\lambda_1}{\partial\eta}=-\frac{4\beta\xi}{\left(1+\eta\right)\sqrt{\alpha^2-4\beta\xi\left(1-\eta^2\right)}}-\frac{\lambda_1}{1+\eta}$ 和 $\frac{\partial\lambda_3}{\partial\eta}=\frac{-\alpha+\sqrt{4\beta\xi}}{\eta^2}$，可知

$\frac{\partial f_1\left(\eta\right)}{\partial\eta}>0$，$\frac{\partial f_2\left(\eta\right)}{\partial\eta}>0$，也就是说

$\frac{\partial E_1}{\partial\eta}<\frac{g}{2\beta p_e^2}\left[f_1\left(1\right)+f_2\left(1\right)\right]=-\frac{g}{2\beta p_e^2}\frac{\lambda_3^3}{6}<0$。

附录2

命题2的证明：

当 $\alpha<\sqrt{4\beta\xi}$ 且 $\sqrt{1-\alpha^2/4\beta\xi}<\eta<1$ 时

$$Q_1=\int_{\lambda_1/p_e}^{\lambda_2/p_e}g(\delta)q_\delta^*d\delta-\int_{\lambda_1/p_e}^{\lambda_2/p_e}g(\delta)q_\delta^{0*}d\delta=\frac{(1-\eta)}{2\beta p_e}g\left[\lambda_2^2-\lambda_1^2\right]$$

$$=\frac{4\alpha g(1-\eta)}{2\beta p_e}\frac{\sqrt{\alpha^2-4\beta\xi(1-\eta^2)}}{(1+\eta)^2}$$

令 $h=\frac{(1-\eta)^2\left[\alpha^2-4\beta\xi(1-\eta^2)\right]}{(1+\eta)^4}$ 则 $h=\frac{\alpha^2(1-\eta)^2}{(1+\eta)^4}-\frac{4\beta\xi(1-\eta)^3}{(1+\eta)^3}$

$$\frac{\partial h}{\partial \eta}=\frac{-2\alpha^2(1-\eta)(1+\eta)^4-4\alpha^2(1-\eta)^2(1+\eta)^3}{(1+\eta)^8}-\frac{-12\beta\xi(1-\eta)^2(1+\eta)^3-12\beta\xi(1-\eta)^3(1+\eta)^2}{(1+\eta)^6}$$
$$=\frac{2(1-\eta)\left[12\beta\xi(1-\eta^2)+\alpha^2(\eta-3)\right]}{(1+\eta)^5}$$

显然 $\Delta=\alpha^4+48\beta\xi(12\beta\xi-3\alpha^2)>0$，易证方程 $12\beta\xi(1-\eta^2)+\alpha^2(\eta-3)=0$ 有两个实根，且大于0的实根 $\left(\alpha^2+\sqrt{\Delta}\right)/24\beta\xi>\sqrt{1-\alpha^2/4\beta\xi}$，

所以此时 $Q_1>0$ 且 $\partial Q/\partial p_e<0$，$\partial Q_0/\partial p_e<0$，$\partial Q_1/\partial p_e<0$；存在 $\tilde{\eta}$，如果 $\eta<\tilde{\eta}$ 则 $\partial Q_1/\partial\eta>0$；如果 $\eta>\tilde{\eta}$ 则 $\partial Q_1/\partial\eta<0$，其中 $\tilde{\eta}=\left(\alpha^2+\sqrt{\Delta}\right)/24\beta\xi$。

当 $\alpha\geqslant\sqrt{4\beta\xi}$ 时

$$Q_1=\int_{\lambda_1/p_e}^{\lambda_2/p_e}g(\delta)q_\delta^* d\delta-\int_{\lambda_1/p_e}^{\lambda_3/p_e}g(\delta)q_\delta^{0*}d\delta=(1-\eta)\int_{\lambda_1/p_e}^{\lambda_3/p_e}\frac{\delta p_e}{2\beta}dG(\delta)$$
$$=\frac{(1-\eta)p_e}{2\beta}\left[G(\delta)\delta\left|\begin{matrix}\lambda_3/p_e\\ \lambda_1/p_e\end{matrix}\right.-\int_{\lambda_1/p_e}^{\lambda_3/p_e}G(\delta)d\delta\right]=\frac{(1-\eta)}{2\beta p_e}g\left[\lambda_3^2-\lambda_1^2\right]$$

结合 $\frac{\partial\lambda_1}{\partial\eta}=-\frac{4\beta\xi}{(1+\eta)\sqrt{\alpha^2-4\beta\xi\left(1-\eta^2\right)}}-\frac{\lambda_1}{1+\eta}$ 和 $\frac{\partial\lambda_3}{\partial\eta}=\frac{-\alpha+\sqrt{4\beta\xi}}{\eta^2}$ 可得

$$\frac{\partial Q_1}{\partial\eta}=\frac{g}{2\beta p_e}\left[-\lambda_3^2+\lambda_1^2+(1-\eta)\left(\frac{\partial\lambda_3}{\partial\eta}2\lambda_3-\frac{\partial\lambda_1}{\partial\eta}2\lambda_1\right)\right]<0,$$

所以此时 $Q_1>0$ 且 $\partial Q/\partial p_e<0$，$\partial Q_0/\partial p_e<0$，$\partial Q_1/\partial p_e<0$；$\partial Q_1/\partial\eta<0$。综上所述，证明得证。

附录3

命题4的证明：

根据污染排放公式 $E=n\delta(1-k^*)q^*$ 以及公式（3.17）和（3.18）可得

$$\frac{\partial E}{\partial \lambda}=\frac{\partial E}{\partial k^*}\frac{\partial k^*}{\partial \lambda}+\frac{\partial E}{\partial q^*}\frac{\partial q^*}{\partial \lambda}=n\delta\left[\left(1-k^*\right)\frac{\partial q^*}{\partial \lambda}-q^*\frac{\partial k^*}{\partial \lambda}\right],$$

$$=\frac{1}{2\xi(n+1)\beta-\lambda^2}\frac{2\xi}{[2\xi(n+1)\beta-\lambda^2]^2}f\left(\lambda\right)$$

其中，$f(\lambda)=2\alpha\lambda^3-3\lambda^2\left[2\xi(n+1)\beta+\alpha^2\right]+12\xi(n+1)\beta\alpha\lambda-2\xi(n+1)\beta\cdot\left[2\xi(n+1)\beta+\alpha^2\right]$。于是有 $\frac{\partial f}{\partial \lambda}=6\alpha\lambda^2-6\lambda\left[2\xi(n+1)\beta+\alpha^2\right]+12\xi(n+1)\beta\alpha$，$\frac{\partial^2 f}{\partial \lambda^2}=12\alpha\lambda-6\cdot\left[2\xi(n+1)\beta+\alpha^2\right]$。

根据 $\lambda<\min\{\alpha,2\xi(n+1)\beta/\alpha\}$ 可知 $\partial^2 f/\partial\lambda^2<0$，即 $\partial f/\partial\lambda$ 在 $0<\lambda<\min\{\alpha,2\xi(n+1)\beta/\alpha\}$ 区间内单调递减，所以 $0<\partial f/\partial\lambda<12\xi(n+1)\beta\alpha$，即此时 f 关于 λ 是递增的，所以 $f(\lambda)<f\left(\min\{\alpha,2\xi(n+1)\beta/\alpha\}\right)<0$。

综上可知 $\partial f/\partial\lambda<0$。结合 λ 的取值范围，可知当排污权配额总量处于 $E|_{\lambda=\tilde{\lambda}}$ 和 $\frac{\alpha n\delta}{(n+1)\beta}$ 之间时能够使排污权交易市场达到均衡，其中 $\tilde{\lambda}=\min\{a,2(n+1)b\xi/\alpha\}$。

附录4

定理3的证明：

根据公式（3.19）、（3.20）、（3.21）和（3.22）可知

$$\frac{\partial SW}{\partial E}=\frac{\partial U(Q)}{\partial E}-\frac{\partial (pQ)}{\partial E}+n\frac{\partial \pi}{\partial E}-\frac{\partial D(E)}{\partial E}$$

$$=\frac{\partial U(Q)}{\partial Q}\frac{\partial Q}{\partial E}-\frac{\partial (pQ)}{\partial E}+\frac{\partial (pQ)}{\partial E}-n\frac{\partial (cq)}{\partial E}+n\frac{\partial (\xi k^2)}{\partial E}-\gamma E\left(\frac{\partial E}{\partial k}\frac{\partial k}{\partial E}+\frac{\partial E}{\partial q}\frac{\partial q}{\partial E}\right)$$

$$=np\frac{\partial q}{\partial E}-cn\frac{\partial q}{\partial E}-2n\xi k\frac{\partial k}{\partial E}-\gamma E\left\{-\delta nq\frac{\partial k}{\partial E}+\delta n(1-k)\frac{\partial q}{\partial E}\right\}$$

$$=n\delta(p_e-\gamma E)\left[(1-k)\frac{\partial q}{\partial \lambda}-q\frac{\partial k}{\partial \lambda}\right]\frac{\partial \lambda}{\partial E}$$

$$=p_e-\gamma E$$

所以当 $p_e^*=\lambda E^*$ 时，SW 取得最大值，再结合公式（3.22）以及 E 关于 λ 的单调性质，即可得到最优排放配额 E^*_{SW} 是方程 $E=2n\delta\xi(\alpha-\delta\gamma E)\left[2\xi(n+1)\beta-\alpha\delta\gamma E\right]/\left[2\xi(n+1)\beta-\delta^2\gamma^2E^2\right]^2$ 的唯一解。

附录5

定理4的证明：

方程组 (3.26) 可以写成如下矩阵形式

$$\begin{bmatrix} b_{11} & a_1 & \cdots & a_1 \\ a_1 & b_{21} & \cdots & a_1 \\ \vdots & \vdots & \ddots & \vdots \\ a_1 & a_1 & a_1 & b_{n1} \end{bmatrix} \boldsymbol{\mu} = \begin{bmatrix} c_{11} \\ c_{21} \\ \vdots \\ c_{n1} \end{bmatrix}$$

其中$a_1 = \frac{1}{n+1}$，$b_{i1} = -\frac{n}{n+1} - \frac{2\beta\xi}{\lambda_i^2}$，$c_{i1} = -\frac{\alpha}{n+1} + \frac{2\beta\xi}{\lambda_i}$ $(i = 1 \ldots n)$，$\lambda_i = p_e \delta_i$。

其增广矩阵为

$$\boldsymbol{C} = \begin{bmatrix} b_{11} & a_1 & \cdots & a_1 & c_{11} \\ a_1 & b_{21} & \cdots & a_1 & c_{21} \\ \vdots & \vdots & \ddots & \vdots & \vdots \\ a_1 & a_1 & a_1 & b_{n1} & c_{n1} \end{bmatrix}$$

首先对 $\boldsymbol{C}$ 进行一次行变换转化为：

$$\boldsymbol{C}_1 = \begin{bmatrix} b_{11} & a_1 & \cdots & a_1 & c_{11} \\ 0 & b_{21} - \frac{a_1^2}{b_{11}} & \cdots & a_1 - \frac{a_1^2}{b_{11}} & c_{21} - \frac{a_1 c_{11}}{b_{11}} \\ \vdots & \vdots & \ddots & \vdots & \vdots \\ 0 & a_1 - \frac{a_1^2}{b_{11}} & \cdots & b_{n1} - \frac{a_1^2}{b_{11}} & c_{n1} - \frac{a_1 c_{11}}{b_{11}} \end{bmatrix} = \begin{bmatrix} b_{11} & a_1 & \cdots & a_1 & c_{11} \\ 0 & b_{22} & \cdots & a_2 & c_{22} \\ \vdots & \vdots & \ddots & \vdots & \vdots \\ 0 & a_2 & \cdots & b_{n2} & c_{n2} \end{bmatrix}$$

其中$a_2 = a_1 - \frac{a_1^2}{b_{11}}$，$b_{i2} = b_{i1} - \frac{a_1^2}{b_{11}}$，$c_{i2} = c_{i1} - \frac{a_1 c_{11}}{b_{11}}$，$(i = 2, \ldots, n)$。

然后进行第二次行变换转化为：

$$\boldsymbol{C}_2 = \begin{bmatrix} b_{11} & a_1 & a_1 & \cdots & a_1 & c_{11} \\ 0 & b_{22} & a_2 & \cdots & a_2 & c_{22} \\ 0 & 0 & b_{32} - \frac{a_2^2}{b_{22}} & \cdots & a_2 - \frac{a_2^2}{b_{22}} & c_{22} - \frac{a_2 c_{22}}{b_{22}} \\ 0 & 0 & \vdots & \ddots & \vdots & \vdots \\ 0 & 0 & a_2 - \frac{a_2^2}{b_{22}} & \cdots & b_{n2} - \frac{a_2^2}{b_{22}} & c_{n2} - \frac{a_2 c_{22}}{b_{22}} \end{bmatrix} = \begin{bmatrix} b_{11} & a_1 & a_1 & \cdots & a_1 & c_{11} \\ 0 & b_{22} & a_2 & \cdots & a_2 & c_{22} \\ 0 & 0 & b_{33} & \cdots & a_3 & c_{33} \\ 0 & 0 & \vdots & \ddots & \vdots & \vdots \\ 0 & 0 & a_3 & \cdots & b_{n3} & c_{n3} \end{bmatrix}$$

其中$a_3=a_2-\dfrac{a_2^2}{b_{22}}$，$b_{i3}=b_{i2}-\dfrac{a_2^2}{b_{22}}$，$c_{i3}=c_{i2}-\dfrac{a_2c_{22}}{b_{22}}$，$(i=2,\ldots,n)$。

依此下去进行n-1次行变换后得到

$$
\boldsymbol{C}_{n-1}=\begin{bmatrix}
b_{11} & a_1 & a_1 & \cdots & a_1 & c_{11} \\
0 & b_{22} & a_2 & \cdots & a_2 & c_{22} \\
0 & 0 & b_{33} & \cdots & a_3 & c_{33} \\
0 & 0 & \vdots & \ddots & \vdots & \vdots \\
0 & 0 & 0 & \cdots & b_{nn-1}-\dfrac{a_{n-1}^2}{b_{n-1,n-1}}=b_{nn} & c_{nn-1}-\dfrac{a_{n-1}c_{n-1,n-1}}{b_{n-1,n-1}}=c_{nn}
\end{bmatrix}
$$

因此，$\mu_n=\dfrac{c_{nn}}{b_{nn}}$，$\mu_{n-1}=\dfrac{c_{n-1,n-1}-a_{n-1}\mu_n}{b_{n-1,n-1}}$，…，$\mu_1=\dfrac{c_{11}-a_1\sum\limits_{m=2}^{n}\mu_m}{b_{11}}$，从而结合$a_i$、$b_{ij}$和$c_{ij}$的推导公式可以得出定理4。

附录6

表5-1　实行排污权交易政策的城市和时间

省(区、市)	城市	实行时间	省(区、市)	城市	实行时间	省(区、市)	城市	实行时间
北京	北京	2010	山西	太原市	2012	内蒙古	乌海市	2011
天津	天津	2009		大同市	2012		赤峰市	2011
河北	石家庄市	2011		阳泉市	2012		通辽市	2011
	唐山市	2009		长治市	2012		鄂尔多斯市	2011
	秦皇岛市	2011		晋城市	2012		呼伦贝尔市	2011
	邯郸市	2011		朔州市	2012		巴彦淖尔市	2011
	邢台市	2011		晋中市	2012		乌兰察布市	2011
	保定市	2011		运城市	2012	黑龙江	哈尔滨市	2008
	张家口市	2011		忻州市	2012		佳木斯市	2008
	承德市	2011		临汾市	2012	上海	上海市	2002
	沧州市	2011		吕梁市	2012	江苏	南京市	2013
	廊坊市	2011	内蒙古	呼和浩特市	2011		无锡市	2008
	衡水市	2011		包头市	2011		徐州市	2013

续表

省(区、市)	城市	实行时间	省(区、市)	城市	实行时间	省(区、市)	城市	实行时间
江苏	常州市	2008	福建	南平市	2014	河南	三门峡市	2009
	苏州市	2008		龙岩市	2014		南阳市	2014
	南通市	2013		宁德市	2014		商丘市	2014
	连云港市	2013	江西	南昌市	2016		信阳市	2014
	淮安市	2013		景德镇市	2016		周口市	2014
	盐城市	2013		萍乡市	2016		驻马店市	2009
	扬州市	2008		九江市	2016	湖北	武汉市	2009
	镇江市	2013		新余市	2016		黄石市	2009
	泰州市	2013		鹰潭市	2016		十堰市	2009
	宿迁市	2013		赣州市	2016		宜昌市	2009
浙江	杭州市	2009		吉安市	2016		襄阳市	2009
	宁波市	2009		宜春市	2016		鄂州市	2009
	温州市	2009		抚州市	2016		荆门市	2009
	嘉兴市	2007		上饶市	2016		孝感市	2009
	湖州市	2009	山东	潍坊	2011		荆州市	2009
	绍兴市	2009		青岛	2015		黄冈市	2009
	金华市	2009	河南	郑州市	2014		咸宁市	2009
	衢州市	2009		开封市	2014		随州市	2009
	舟山市	2009		洛阳市	2009	湖南	长沙	2011
	台州市	2009		平顶山市	2009		株洲	2011
	丽水市	2009		安阳市	2014		湘潭	2011
福建	福州市	2014		鹤壁市	2014		衡阳市	2015
	厦门市	2014		新乡市	2014		邵阳市	2015
	莆田市	2014		焦作市	2009		岳阳市	2015
	三明市	2014		濮阳市	2014		常德市	2015
	泉州市	2014		许昌市	2014		张家界市	2015
	漳州市	2014		漯河市	2014		益阳市	2015

续表

省（区、市）	城市	实行时间	省（区、市）	城市	实行时间	省（区、市）	城市	实行时间
湖南	郴州市	2015	贵州	六盘水市	2014	陕西	宝鸡市	2012
	永州市	2015		遵义市	2014		咸阳市	2012
	怀化市	2015		安顺市	2014		渭南市	2012
	娄底市	2015		昆明市	2014		延安市	2012
广东	佛山	2017		曲靖市	2014		汉中市	2012
	珠海	2017		玉溪市	2014		榆林市	2012
	东莞	2017		保山市	2014		安康市	2012
重庆	重庆	2009		昭通市	2014		商洛市	2012
四川	成都	2011	陕西	西安市	2012	新疆	乌鲁木齐市	2017
贵州	贵阳市	2014		铜川市	2012		克拉玛依市	2017